新型职业农民培育工程规范教材

新型职业农民创业指导手册

杜 遥 王秋芬 张文林 主编

中国农业科学技术出版社

图书在版编目（CIP）数据

新型职业农民创业指导手册 / 杜遥，王秋芬，张文林主编．—北京：中国农业科学技术出版社，2016.4

ISBN 978－7－5116－2554－0

Ⅰ．①新…　Ⅱ．①杜…②王…③张…　Ⅲ．①农民－劳动就业－中国－手册　Ⅳ．①D669.2－62

中国版本图书馆 CIP 数据核字（2016）第 058304 号

责任编辑　王更新
责任校对　贾海霞

出 版 者　中国农业科学技术出版社
　　　　　北京市中关村南大街 12 号　邮编：100081
电　　话　(010)82106639(编辑室)　(010)82109702(发行部)
　　　　　(010)82109703(读者服务部)
传　　真　(010)82107637
网　　址　http://www.castp.cn
经 销 者　各地新华书店
印 刷 者　北京地大天成文化发展有限公司
开　　本　850mm×1 168mm　1/32
印　　张　8
字　　数　208 千字
版　　次　2016 年 4 月第 1 版　2021 年 3 月第 3 次印刷
定　　价　29.00 元

《新型职业农民创业指导手册》

编　委　会

主　　编：杜　遥　王秋芬　张文林

编　　委：（按姓氏笔画）

聂柏玲　王海燕　王鹤睿　彭世杰　李志伟

温国松　桑　燕　金淑会　卢丽杰　李学国

李秀云　代　志　王思维　杨保峰

前　言

培育新型职业农民和新型农业经营主体是发展中国特色现代农业的一体两面。前者意在解决“谁来种地”问题，后者重在解决“如何种地”问题，两者只有融合发展，才能相得益彰。2015年中央财政继续安排农民培训补助资金，专项用于新型职业农民和农业经营主体的培育工作。

近年来，中国一直处于农村劳动力转移就业的加速期、新生劳动力就业的高峰期、失业人员再就业的凸显期，就业岗位供需矛盾十分突出。面对严峻的就业形势，党的“十八大”报告把鼓励新型职业农民积极创业、明确提出要通过促进创业带动就业；并要求各级人民政府和有关部门简化程序，提高效率，为新型职业农民自主创业、自谋职业提供便利。在国家政策的大力支持下，一定程度上推动了新型职业农民创业，并且成为各地农村经济发展的重要力量。

本书围绕农民创业中可能遇到的问题，介绍了创业素质要求、农民创业相关的政策与法规、选择创业项目、撰写创业计划书、选择经营模式、创业融资技巧、农民创业的主要领域、创办农业中小型企业、农产品营销、新型职业农民创业实例等内容。

本书通俗性、简明性和实用性突出，适合广大农民创业者及农业企业经营者参考阅读。

编　者

前言

目　　录

第一章　创业素质要求

创业是依赖一定的组织形式，通过资本投入和运作，开创一项新事业，实现资本增值（新价值创造）的过程。

第一节　经济时代与新型农民创业

一、创业前的心理准备

在开始创业前，注意以下几点。

（一）创业要耗费大量的时间和精力

创业初期，构建人脉、联系业务、疏通渠道……需要投入大量的时间，在思考中度日，在勤奋中做事，在交往中做人……创业中期和收获期，需要和家人分开一段时间，利用这段时间梳理极其复杂的关系并带好团队。

（二）创业是一个复杂、艰辛、创造新事物的过程

新事物对创业者要有价值，对每个团体和社会也应该有价值。

（三）创业的预期不要过高

通过创业可以获得名声、荣誉、物质、地位……这是创业的动机，也是创业的动力。

创业必须解决如下问题。

（1）用创新思维实现创业目标。改革是创新，改造是创新，引进或新组建更是创新，一切可以创新的手段都是创业的助推器。

（2）解决创业团队构建问题。要想成为企业家，就要带头找人干；要想成为合伙人，就要找有带头能力的人一起干。谁和你以及你带谁构建创业团队很重要。

（3）需要一定时间。创业决策和行动的效果是在一定时间内完成的，孕育期需要具备创业的欲望；创业机会一旦出现，要有足够的时间为之付出；从创业初期开始，市场调研、组建团队、拟订方案、融资、做产品或服务都需要过程，不仅占用自己的时间，还要借用团队每个成员的时间；创业成长期，时间主要花在构建和完善各种事务性工作上。

（4）要解决如何成长的问题。创业与原有的企业运作相比，更关注的是成长性。人力资源优势越大，创业成功的可能性就越大；行业未来的发展空间越大，创业成长的机会越多。

（四）创业要承担一定的风险

几乎所有的创业都有风险，而风险大小取决于选择的领域和占有的资源。在开始创业前首先要想好，创业一旦失败，是否还有东山再起的激情和能力。

二、新型职业农民创业历程

（一）20 世纪 80 年代至 90 年代

改革开放以来，亿万农民走上了多方就业、自主创业之路，为推进国家工业化、城镇化和农业现代化作出了重要贡献。农村发展的主体是农民，发展农村和农业首先要依靠农民，依靠农民的积极性和创造性。20 世纪 80 年代初期，我国在农村实行了家庭联产承包责任制，农民的生产积极性被迅速调动起来，农业生产得到快速发展。之后，农村出现了剩余劳动力，农民有了剩余劳动时间。面对这种情况，党中央及时调整农村一系列政策，逐步放开农产品市场，允许农民直接从事农副产品交易，允许国内发展农副产品运输市场，允许农民自己开办农副产品企业，农村出现了农民创业的热潮。短短几年时间，全国迅速形成了农副产品市场网络，形成了一支以农民为主体的农副产品流通大军，形成了几千万家大大小小的乡镇企业。

20 世纪 80 年代，乡镇企业转移农村人口 1.2 亿，整个农村经济活跃起来，农民收入增长幅度超过了城市居民。

（二）20 世纪 90 年代至 21 世纪

这个时期，由于市场发生变化，国有大企业在资金的助推下发展迅速，乡镇企业由于发展环境先天不足，除了部分乡镇企业成长为著名企业之外，大量中小型乡镇企业逐步衰亡。在这种情况下农民要么在家种田，要么进城打工。大多数农民的创造性不自觉地受到了限制，创业成为极个别人的盛宴。

（三）21 世纪以后

21 世纪以来，农民工回乡创业步伐明显加快。根据国务院发展研究中心课题组 2007 年的百县调查，301 个调查村回流农民工 3.7 万人，其中回乡创业者占 16.06%，这些回乡创业者创造了 3 000万个就业机会。

目前，农民工回乡创业主动性明显增强，其主要特点有以下几个方面。

一是回乡创业者以第一代农民工为主。回乡创业者的平均年龄为 39 岁，回乡创业者平均累计外出务工 5.8 年。

二是回乡创业者大多从事非农产业。农民工回乡创业的产业分布情况是：第一产业占 28.3%，第二产业占 30.7%，第三产业占 32.1%，其他占 8.9%。

三是经营形式以个体和私营为主，企业规模较小。个体经营占 68%，私营企业占 20.2%，股份制企业占 6.5%，承包、租赁经营占 4.6%，其他占 0.7%。从企业规模看，以中小型企业（包括徽型企业）为主。回乡农民半数选择在离家较近的小城镇创业和居住。

四是农民工回乡创业创造一批新的就业载体，以创业促就业，带动了当地农村富余劳动力的就地就近转移。尤其是在东南沿海地区务工、经商的中西部地区劳动力陆续大批返乡创业，不仅为中西部地区农村经济的增长注入了新的活力，而且也成为促进农村经济发展方式转变的一股强劲动力。随着劳动密集型产业向中西部地区转移速度的加快，农民工回乡创业前景广阔。

中央一号文件指出，要大力支持发展新型农业经营主体，当前和今后一个时期是我国全面建设小康社会、加快形成城乡经济社会发展一体化新格局的重要时期，这一时期面临的突出问题是：农民持续增收困难，城乡收入差距拉大，农村经济社会发展滞后。解决这些矛盾和问题的根本出路在于多渠道增加农民就业机会，拓宽农民增收渠道。

中国农业又走到一个历史性的关键点，加快转变农业经营方式、推进农业现代化的呼声逐渐高涨。党的“十八大”强调，要加快发展现代农业，促进工业化、信息化、城镇化、农业现代化同步发展，促进城乡发展一体化，坚持和完善农村基本经营制度，构建集约化、专业化、组织化、社会化相结合的新型农业经营体系。

无疑，在中国农业现代化的进程中，各类农业新型经营主体被寄予厚望。当前，中国农民群体正在发生结构性变化，专业化趋势的农户大量出现，他们靠专营农业产业来获取最大化收益。以专业大户、家庭农场、农民专业合作组织、农业产业化龙头企业等为代表的各类新型经营主体正在大放光彩。

各类新型经营主体集中了当前农民中最具现代意识、最具市场竞争力、最具资本与技术优势的群体，堪称人们期待的“新型农民”的代表。他们是顺应时代要求所产生的中国农业现代化的承载者，也是中国“三农”未来的希望。

第二节 农民创业基础

一、农民创业的定义

创业者依托家庭组织或新创建的组织，依托农村，通过投入一定的生产资本，扩大现有的生产规模或从事新的生产经营活动，以实现财富增加，谋求发展的过程。

二、农业特点对创业者的要求

农业特点对创业者有以下要求。

一是受自然条件的影响，农业的风险性很大，规避风险尤为重要；

二是农业的地域性和季节性强，要抢时机，赶时间，跨地区思考；

三是农业生产周期长，资金周转慢，要坚持长期投资的理念；

四是农产品的特殊性是单位价值低，要珍惜一点一滴的积累；

五是鲜活的农产品不便储运，这反而是创业的机会；

六是土地是农业活动的根本标志，农业创业离不开土地，要争取土地使用权限。

三、农民创业者应具备的素质

（一）创业梦想

伟大的事业源于伟大的梦想，伟大的梦想源于有梦想的人。微软创始人比尔·盖茨开始创业的时候就提出这样一个伟大的梦想：让计算机进入家庭，并放在每一张桌子上。这个梦想他实现了，因而成为世界首富。进入21世纪，微软又提出新的梦想：通过优秀的软件赋予人们在任何时间、任何地点，通过任何设备进行沟通和创造的能力。微软的梦想使公司至今引领着软件业。

创业者必须要有梦想，并且梦想越大越好，因为梦想是创业路上的动力源泉，任何创造成功的过程都一定会历经不同的困难和痛苦。一个没有坚定梦想的创业者，一旦遇到困难或挫折，首先放弃的往往是梦想。很多的创业者都是白手起家，当我们选择了创业，就得把梦想变为与自己共存亡的东西，千万不可轻言放弃。

（二）创业毅力

创业过程中会遇到种种困难。很多因素会导致创业失败，比如，投入了创业资金，投入了工作时间，投入了技术之后，没有赢利，你的合作伙伴可能会提出抽回投资，撤出创业团队，这种釜底抽薪的情况比业务不顺的压力要大得多，很多的创业项目就是这样失败的。所以，创业需要毅力。

以上说的是在情感上要有毅力，在公司经营上也要坚韧不拔。创业没有钱是常态，如果很有钱，可能已经过了创业阶段了。创业阶段的每一分钱都很重要，没有钱怎么办？熬！争取一切可能熬下去。特别是在遭遇困境的时候，一定要走出去，多和外界交流，多向外界发展，通过外在来解决内在的问题。创业目标的实现时间往往要比创业者预估的时间要长，不要理想化，一定要有耐心争取转机。

（三）无畏挫折

要有一个正确的挫折观。挫折本来就是生活的组成部分，每个人都会遇到，不是遇到这种，就是遇到那种；不是遇到大坎坷，就是遇到小挫折。对于挫折要有一种乐观、豁达的态度，丢掉幻想，站在坚实的大地上，才会在挫折面前思想开朗，心情坦然，镇定自如。挫折不是拦路虎，而是垫脚石。经历过一次次挫折的人，会慢慢成熟，逐渐成长。挫折对我们来说是一种成熟和成功的“催化剂”，只要能从容地面对它，自信地战胜它，成功就很近了。

没有挫折的考验就没有不屈的人格。正因为有挫折，才有勇士与懦夫之分。所以说，“挫折和不幸是能人的无价之宝，是弱者的无底深渊”。所以，适度失败和挫折，可以促人奋进，可使人走向成熟，取得成就。

（四）永葆激情

乔布斯曾说：“很多人问我，我想创业该怎么做？”我会问他：“你的激情在哪里？你的公司将做什么让你感到振奋的事情？”

短暂的激情是不值钱的，只有持久的激情才是财富。年轻人的团队容易产生激情，但更容易因挫折而失去激情。短暂的激情只能带来浮躁和不切实际的期望，它不能形成巨大的能量；而永恒持久的激情会形成互动、对撞，产生更强的激情氛围，从而造就一个团结向上、充满活力与希望的团队。

（五）组建优秀团队

当今社会不再是个人英雄主义的时代，团队才是英雄的最小单位。单打独斗很难创业成功，更不容易成长。因此，创业需要一个优秀的团队。

“人”字的结构就是相互支撑，“众”人的事业需要每个人的参与。一台机器通常是做不出产品的，单独一个零部件更支撑不了一台机器，只有合理组合，才能组成好机器做出好产品，并使各个部分的作用得到充分的发挥。通过团队成员中的技能互补，可提高驾驭环境不确定性的能力，从而降低创业风险。

专心为穷人服务并获得“诺贝尔和平奖”的特雷莎修女有一句话：“你会做的，我不会做，你不会的，我会。我们在一起就能做成大事。”

创业团队的含义是以各人之长弥补他人之短，实现人力资源的充分利用和各种优势的互补，发挥 1 + 1 > 2 的作用，形成合力。

俗话说：三个臭皮匠，顶个诸葛亮。团队精神在企业管理中占有重要地位。微软集团在用人的时候就非常注重人才的团队精神，一个人即使才华横溢，如果不懂得与人合作，也不予录用。因为在工作中，不仅他自己不能发挥出最好的成绩，还会降低整个团队的工作效率。

只有把企业内部有着不同的文化背景和知识结构的各种人才有效地联合起来，才能达到事半功倍的效果。

第三节 农民创业所需要的品质

一、良好的创业品质

（一）创业成功源于诚信

一个讲诚信的国家一定会受到世界的尊重，一个讲诚信的企业也一定会得到顾客的信赖。诚信是形象，诚信是无形的资本，诚信更是企业永恒的竞争力。

诚 = 言 + 成，即说到做到；信 = 人 + 言，即说人话，不说假话。诚信是一种人人应必备的优良品格。一个人讲诚信，就代表了他是一个讲文明的人。讲诚信的人，处处受欢迎；不讲诚信的人，人们会忽视他的存在。所以，我们每个人都要讲诚信。诚信是为人之道，是立身处事之本。做企业和做人一样需要诚信。“人无信不立，业无信不久”，一个企业要想获得长远发展，就必须讲诚信。

企业诚信不是权宜之策，而是关系企业生死存亡的大计。从企业创造价值的角度看，诚信是企业珍贵的无形资产，它可以提升企业的品牌知名度，并将其转化为企业的竞争优势；诚信也是一种生产力，它可以降低成本，提高效率，摆脱诉讼等。因此，诚信是办好企业的内在要求。

案例赏析

李嘉诚说过，“有时看似一件很吃亏的事，住往会变成非常有利的事。建立个人和企业的良好信誉是资产负债表中见不到但却价值无限的资产”。大家都知道，李嘉诚真正发迹靠的不是塑胶玩具，而是塑料花。当李嘉诚靠塑料花这个单品红遍香港后，就一直想把市场扩大到欧美等西方发达国家，毕竟香港市场容量非常有限。有一天，天上真的掉下个金元宝，一位加拿大外商拿着一个天量订单，找到了李嘉诚。在最终签约前，对方提出了两个条件：“一是需要有一家实力强大的公司做担保，二是要实地考察李嘉诚的工厂。看似两个很常规的条件，对于羽翼未丰的李嘉诚来说，却似两颗定时炸弹，随时都可能把这个天量订单给炸得无影无踪。李嘉诚回去后，磨破嘴皮，说尽豪言壮语，没有任何一家有实力的公司愿意为他的小公司做担保，这让李嘉诚有些心灰意冷；再看看自己简陋的厂房和陈旧的设备，要过实地考察这一关，几乎不可能。此时，有人给他出主意我们可以先花点钱，租用一间大工厂，反正那个外商也看不出来。”李嘉诚坚决反对：“即使订单泡汤，也绝不能糊弄别人。你要相信世界上每一个人都精明，要令人信服并喜欢和你交往，那才是最重要的。”第二天，李嘉诚硬着头皮把加拿大外商请到了工厂里，如实向外商介绍自己工厂的情况，令李嘉诚倍感意外的是，外商刚走出车间，就要求与李嘉诚签订合约。李嘉诚面有难色地说：“对不起，先生，我的工厂太小，没有任何一家有实力的本地公司愿意为我做担保。”外商笑着说：“你的诚信，就是最好的担保。”李嘉诚继续说：“非常感谢您对我的信任，可是，这个订单对我来说实在太大了，我的这个小工厂的生产能力无法满足您的需要；现在，我手里的资金有限，还无法继续扩大生产规模。”外商坚定地说："我可以预付一笔定金，你扩产需要多少？你说个数吧！"可见，诚信很珍贵，是一种无形的资产。

"百金求名，万金求誉"。创业公司想要在强敌林立的环境中生存下来，就应该树立起自己的信誉，而要树立信誉就要做到讲诚信。"优胜劣汰"，世界就是这样残酷，讲诚信、信誉好，客户就会支持你的产品和服务，你才能在众多的竞争者中脱颖而出。

（二）遇到苦难要有忍耐力，做人能屈能伸

做人要能屈能伸。在逆境中，困难和压力逼迫身心，要有忍耐力，这时应懂得一个"屈"字；在顺境中，幸运和环境皆有利于自己，这时应懂得一个"伸"字。人太刚强，遇事就会不顾后果，易受挫折；人太柔弱，遇事就会优柔寡断，坐失良机。所以，能屈能伸，刚柔并济，当刚则刚，当柔则柔，屈伸有度，才是真正的强者。

（三）善于处理人际关系

小企业的特征之一，就是人与人之间有更加密切的联系。人与人之间的关系融洽与否，对于小企业显得尤为重要。因此，要充分意识到适应环境和人际关系的重要性，明白途者生存、不适者被淘汰的道理，明白人际关系是第二生产力的道理。学会处理和协调社会关系的过硬本领，才能在社会中做到游刃有余。要做一个受人欢迎的管理者，善于抚恤人心，做到人和事的最佳结合，树立"多一个朋友多条路，多一个敌人多堵墙"、"求财不求气"、"忍一时风平浪静，退一步海阔天空"的人际关系处理思路。作为管理者要注重沟通协调，不仅要与员工进行心与心的交流，协调好内部关系，还要进行必要的人际交往，处理好合作关系。

人、财、物作为企业运营的三大要素，人起决定作用。现在愈来愈多的企业家意识到了人作为企业资源不同于其他生产要素的重大意义。坚持以人为本，正确处理企业内部的人际关系，这是关系到企业和谐发展的一件大事。

二、全面的创业能力

（一）能沟通，会协调

沟通协调能力是从事管理工作必须具备的基本能力。在企业组织中，管理人员通常担负着带领和推动某一部门、环节的若干个人或群体共同从事生产经营活动的职责，因此，需要管理人员具有较强的组织能力，能够按照分工协作的要求合理分配人员，布置工作任务，调节工作进程，将计划目标转化为每个员工的实际行动，促进生产经营过程持续有序地稳步进行。不仅如此，为了充分发挥协作劳动的集体力量，适应企业内外联系日益复杂的要求，管理人员应成为有效的协调者，善于协调工作群体内部各个成员之间以及部门内各工作群体之间的关系，鼓励职工与群体发挥合作精神，创造和谐融洽的组织气氛；同时要善于处理与企业有直接或间接关系的各种社会集团及个人的关系，妥善化解矛盾，避免冲突和纠纷，最大限度地争取社会各界公众的理解、信任、合作与支持，为企业的发展创造良好的外部环境。

（二）懂经营，会管理

经营管理能力是创业者对人员、资金、运营方式等的管理能力。经营管理能力是创业者事业成功的保障，是创业取得成功的核心能力，是解决企业生存和发展的第一要素。经营管理能力是一种较高层次的综合能力，涉及人员的选择、组合、优化、使用，也涉及资金的筹措、调度、核算、分配、增值等方面。创业者经营管理能力的形成要从学会用人、学会经营、学会管理、学会理财等几个方面入手，认真地去体会、实践、提高和创新。

为什么中小企业长不大？问题更多的还是出在管理层面上。

如果我们把经营比作开荒，管理大概就是种田了。经营企业，如果依靠机遇就只能听天由命，离开了管理，不去强基固本，一场风雨就可能让你的田地荡然无存，不要说收获庄稼，恐怕连你开垦的泥土都会被冲刷得干干净净。因此，要想把企业做大做强就一定要在管理上多下工夫。

（三）抓机遇，敢决策

决策在日常工作中也常常称为“拍板”、“决断”、“敲定”。决策能力是创业者根据主客观条件，因地制宜，正确选择创业的发展方向、目标、战略以及具体确定实施方案的能力。一个创业者首先是一个决策者，决策是一个人综合素质和能力的体现。正确决策是保证创业活动顺利进行的前提，尤其是有关创业机会的捕捉、创业资金的筹措、创业人员的组建、营销策略的制定和运营模式的设计等重要决策都直接关系到创业的成败。

创业者的决策能力通常包括分析能力和判断能力。要创业，就要从众多的创业目标以及方向中选择适合发挥自己特长与优势的创业方向和途径。在创业过程中，创业者一方面要从错综复杂的表象中发现商机、分析原因、找出事物的内在联系和本质，从而正确处理和解决问题，这就需要创业者必须具有良好的分析能力；另一方面，要从客观事物的发展变化中找出原因，掌握发展方向，使其朝着有利于创业的方向发展，就需要有良好的判断能力。分析是判断的前提，判断是分析的目的，正确的决策能力=良好的分析能力+果断的判断能力。

（四）懂技术，善创新

管理人员应当具备处理专门业务技术问题的能力，包括掌握必要的专业知识，能够从事专业问题的分析研究，能够熟练运用专业工具和方法等。这是由于企业的各项管理工作，不论是综合性管理抑或职能管理，都有其特定的技术要求。如计划管理要求掌握制订计划的基本方法和各项经济指标的内在联系，能够综合分析企业的经营状况和预测未来的发展趋势，善于运用有关计算工具和预测方法。要胜任计划管理工作，就必须具备上述专业能力。因此，管理人员应当是所从事管理工作的专家。此外，就管理对象的业务活动而言，管理人员虽然不一定直接从事具体的技术操作，但必须精通有关业务技术特点，否则就无法对业务活动出现的问题作出准确判断，也不可能从技术上给下级职工以正确指导，这会使管理人员的影响力和工作效能受到很大限制。

思考题

1. 简述新型职业农民创业历程。
2. 简述农民创业所需要的品质。

第二章　农民创业相关的政策与法规

第一节　农民能力建设政策

农村劳动力转移培训是指对需要转移到非农产业就业的农村富余劳动力进行培训，以提高农民的素质和技能，加快农村劳动力转移就业。培训包括职业技能培训和引导性培训，以职业技能培训为主。培训以尊重农民意愿和农民直接受益为前提，以市场运作为基础，以转移到非农产业就业为目标。

农村富余劳动力向城镇和非农产业转移是建设现代农业、解决“三农”问题的重要途径，也是社会进步的重要标志。加强农村劳动力素质培训，提高农民的就业技能和整体素质，是实现农村劳动力转移的根本保证，也是解决“三农”问题的核心之一，更是增加农民收入的主要途径之一。随着城镇化进程的加快，经济产业结构升级对人力资源需求的提升，农村转移就业人口的职业教育与培训问题日渐突出。

一、农村劳动力培训阳光工程

2004—2005 年，重点支持粮食主产区、劳动力主要输出地区、贫困地区和革命老区开展短期职业技能培训，培训农村劳动力 500 万人，年培训 250 万人。

2006—2010 年，在全国大规模开展职业技能培训，培训农村劳动力 3 000万人，年培训 600 万人。

2010 年以后，按照城乡经济社会协调发展的要求，把农村劳动力培训纳入国民教育体系，扩大培训规模，提高培训层次。自 2011 年起，农村劳动力培训阳光工程全面转型：由农民外出务工就业培训向就地就近转移培训转变；由服务城镇二、三产业向服务农业农村经济社会发展转变，重点面向农业产前、产中和产后服务，以及对农村社会管理服务领域的从业人员开展短期技能培训，以加快培育专业化的现代农业产业劳动力队伍，促进农民增收，为现代农业发展和新农村建设提供有力的人才支持。

自主创业者可以通过培训单位寻找人才，也可以到各市、县农委或阳光工程办公室寻找人才。

二、职业农民培训

为了实现可持续发展，我国经济发展模式正从依赖物资资源投入向依赖高素质人力资源转变。作为产业工人的重要组成部分，农民工技能的提高显得尤为重要。

2010 年国务院办公厅《关于进一步做好农民工培训工作的指导意见》为提高农民工技能水平和就业能力，促进农村劳动力向非农产业和城镇转移，推进城乡经济社会发展一体化进程，进一步做好农民工培训工作提出了指导意见。

到 2015 年，力争使有培训需求的农民工都得到一次以上的技能培训，掌握一项适应就业需要的实用技能。

新一轮培训规划，根据农民工的不同需求，对有创业意愿并具备一定创业条件的农村劳动者和返乡农民工进行提升创业能力的培训。农村劳动者就地就近转移培训主要面向县域经济发展，重点围绕县域内农产品加工、中小企业以及农村妇女手工编织业等传统手工艺开展培训。重点加强建筑业、制造业、服务业等吸纳就业能力强、市场容量大的行业的农民工培训。做好水库移民中的农民工培训工作。

各省（市、自治区）要将农民工培训资金列入财政预算，进一步加大农民工培训资金投入，并按照统筹规划、集中使用、提高效益的要求，将中央和省级财政安排的各项农民工培训资金统筹使用，各部门根据职责和任务，做好相关培训工作，改变资金分散安排、分散下达、效益不高的状况。

制定农民工培训补贴基本标准。各省（区、市）要进一步完善农民工培训补贴政策，按照农民工所学技能的难易程度、时间长短和培训成本，以通用型工种为主，科学合理地确定培训补贴基本标准，并根据实际情况定期予以调整，以使农民工能够掌握一门实用技能。

对培训资金实行全过程监管。各地要加强对农民工培训资金的管理，明确申领程序，严格补贴对象审核、资金拨付和内外部监管。建立健全财务制度，强化财务管理和审计监督。

2013 年，农业部和财政部办公厅联合下发了《2013 年农村劳动力培训阳光工程项目实施指导意见》，提出在农业专项技术、农业职业技能、农业创业培训等方面由政府出资，免费培训相关人员。

第二节 农业生产补贴政策

近几年来，中央一号文件提出要加大农业补贴力度。按照增加总量、优化存量、用好增量、加强监管的要求，不断强化农业补贴政策，完善主产区利益补偿、耕地保护补偿、生态补偿办法，加快让农业获得合理利润、让主产区财力逐步达到全国或全省平均水平。继续增加农业补贴资金规模，新增补贴向主产区和优势产区集中，向专业大户、家庭农场、农民合作社等新型生产经营主体倾斜。落实好对种粮农民直接补贴、良种补贴政策，扩大农机具购置补贴规模，推进农机以旧换新试点。完善农资综合补贴动态调整机制，逐步扩大种粮大户补贴试点范围。继续实施农业防灾减灾稳产增产关键技术补助和土壤有机质提升补助，支持开展农作物病虫害专业化统防统治，启动低毒低残留农药和高效缓释肥料使用补助试点。完善畜牧业生产扶持政策，支持发展肉牛肉羊，落实远洋渔业补贴及税收减免政策。增加产粮（油）大县奖励资金，实施生猪调出大县奖励政策，研究制定粮食作物制种大县奖励政策。增加农业综合开发财政资金投入。现代农业生产发展资金重点支持粮食及地方优势特色产业加快发展。

中央财政安排对农民的粮食直补、农资综合补贴、良种补贴、农机购置补贴（简称“四补贴”）支出1 700.55亿元。

为支持春耕生产，中央财政及时向各省（自治区、直辖市）拨付粮食直补、农资综合补贴资金。财政部要求，各级财政部门要认真做好2013年粮食直补和农资综合补贴兑付方案，尽快组织实施，力争在春耕前将补贴资金兑付到种粮农民手中。

（一）农业机械购置补贴

为确保农机购置补贴政策公开、规范、高效、廉洁实施，充分发挥农机购置补贴政策效应，加快农机化发展方式转变，推动农业机械化和农机工业又好又快发展，促进农业综合生产能力提高，具体措施如下。

1. 总体要求

以转变农机发展方式为主线，以调整优化农机装备结构、提升农机化作业水平为主要任务，加快推进主要农作物关键环节机械化，积极发展畜牧业、渔业、设施农业、林果业及农产品初加工机械化。要注重突出重点，向优势农产品主产区、关键薄弱环节、农民专业合作组织倾斜，提高农机化发展的质量和水平；注重统筹兼顾，协调推进丘陵山区、血防疫区及草原牧区农机化发展；注重扶优扶强，大力推广先进适用、技术成熟、安全可靠、节能环保、服务到位的机具；注重阳光操作，加强实施监管和廉政风险防范，强化绩效考核，进一步推进补贴政策执行过程公平公开；注重充分发挥市场机制作用，切实保障农民选择购买农机的自主权；注重发挥补贴政策的引导作用，调动农民购买和使用农机的积极性，促进农业机械化和农机工业又好又快发展。

2. 实施范围及规模

农机购置补贴政策继续覆盖全国所有农牧业县（场）。综合考虑各省（自治区、直辖市、计划单列市、新疆生产建设兵团、黑龙江省农垦总局、广东省农垦总局，下同）耕地面积、主要农作物产量、农作物播种面积、乡村人口数、农业机械化发展重点，结合农机购置补贴政策落实情况，确定资金控制规模。

省级农机化主管部门和财政部门要加强对农场农机购置补贴工作的指导，按照《农业机械购置补贴专项资金使用管理暂行办法》和本实施指导意见，规范操作，统一管理。其他地方垦区的市、县属农场的农机购置补贴纳入所在县农机购置补贴范围。

3. 中央财政资金补贴机具种类范围

农业部根据全国农业发展需要和国家产业政策，在充分考虑各省地域差异和农业机械化实际的基础上，确定中央财政资金补贴机具种类范围。

（二）粮食直补

当前种粮效益低、主产区农民增收困难的问题尤为突出，必须采取切实有力的措施，尽快加以解决。抓住了种粮农民的增收问题，就抓住了农民增收的重点；调动了农民的种粮积极性，就抓住了粮食生产的根本；保护和提高了主产区的粮食生产能力，就稳住了全国粮食的大局。

为保护种粮农民利益，要建立对农民的直接补贴制度。国家从粮食风险基金中拿出部分资金，用于主产区种粮农民的直接补贴。

（三）农资综合补贴

农资综合补贴是国家为了更好地保护农民利益，适当弥补种粮农民因柴油、化肥、农药、农膜等农业生产资料涨价对农民种粮收益的影响，由中央财政安排资金给种粮农民直接给予的补贴。中央财政近年加大农资综合补贴力度，完善补贴动态调整机制，加强农业生产成本收益监测，根据农资价格上涨幅度和农作物实际播种面积，及时增加补贴。按照目标清晰、简便高效、有利于鼓励粮食生产的要求，完善农业补贴办法。根据新增农业补贴的实际情况，逐步加大对专业大户、家庭农场种粮补贴力度。

为进一步促进粮食增产、农民增收，2015 年政府决定继续实施粮食直补和农资综合直补政策，同时完善补贴兑现方式。从 2007 年起，就已在农村信用社或邮政储蓄网点为农民开设固定的补贴存款零余额账户，实行“一折通”（“一卡通”）办法兑现补贴资金。

粮食直补在县级行政区域内继续实行统一补贴标准，各地实际补贴水平不得低于省核定的补贴标准。农资综合直补实行全省统一补贴标准，各地不得擅自调整。

种植农户补贴面积，以上年省核定的补贴面积为基础，据实核减退耕还林、基本建设南水北调、高速铁路、产业集聚区等合法征占后不种植粮食的面积计算确定。

（四）良种补贴

良种补贴是指对地区优势区域内种植主要优质粮食作物的农户，根据品种给予一定的资金补贴。目的是支持农民积极使用优良作物种子，提高良种覆盖率，增加主要农产品特别是粮食的产量，改善产品品质，推进农业区域化布局。

国家在较大幅度增加补贴的基础上，进一步增加补贴资金。增加对种粮农民直接补贴。加大良种补贴力度，提高补贴标准，实现水稻、小麦、玉米、棉花全覆盖，扩大油菜和大豆良种补贴范围。

近年来，良种补贴规模进一步扩大，部分品种标准进一步提高。中央财政安排良种补贴220亿元，比上年增加16亿元。水稻、小麦、玉米、棉花，以及部分地区的大豆、冬油菜实行全覆盖。小麦、玉米、大豆和油菜每亩补贴10元，其中，新疆维吾尔自治区的小麦良种补贴提高到15元。早稻补贴标准提高到15元。水稻、玉米、油菜补贴采取现金直接补贴方式；小麦、大豆、棉花可采取统一招标、差价购种补贴方式，也可现金直接补贴。继续实行马铃薯原种生产补贴，在藏区实施青稞良种补贴，在部分花生产区继续实施花生良种补贴。

第三节　农村金融服务政策

改善农村金融服务是农业农村经济社会可持续发展的动力。近年来，我国农村金融改革取得了积极进展，农村金融服务有所改善。但是，城乡金融资源配置不平衡的局面并没有根本改变，农村基层金融网点不足，涉农贷款比例太低，农村抵押担保机制不健全，农村金融仍不能有效满足农业农村经济发展需要。为此，中央一号文件对深化农村金融改革作出了重大部署，加强国家对农村金融改革发展的扶持和引导，切实加大商业性金融支农力度，充分发挥政策性金融和合作性金融作用，确保持续加大涉农信贷投放。

一、完善金融机构服务“三农”的激励机制

加强财税政策与农村金融政策的有效衔接，落实和完善涉农贷款税收优惠、定向费用补贴、增量奖励等政策，进一步完善县域内银行业金融机构新吸收存款主要用于当地发放贷款的考核办法，以鼓励金融机构发放农业农村贷款。中央一号文件还要求探索农业银行服务“三农”新模式，强化农业发展银行政策性职能定位，鼓励国家开发银行推动现代农业和新农村建设。支持社

会资本参与设立新型农村金融机构。改善农村支付服务条件，畅通支付结算渠道。加强涉农信贷与保险协作配合，创新符合农村特点的抵（质）押担保方式和融资工具，建立多层次、多形式的农业信用担保体系。这些政策有利于增强金融机构支农动力，引导更多信贷资金投向“三农”，逐步增加涉农贷款比重。

二、创新农村金融产品和服务

优先满足农户信贷需求，加大新型生产经营主体信贷支持力度。拓展农业发展银行支农领域，大力开展农业开发和农村基础设施建设中长期信贷业务，以引导更多社会资金投入农业农村基础设施建设，夯实农业发展基础。

三、扶持发展农村小型金融机构

为提高农村金融机构网点覆盖率、增强农村金融机构之间的竞争，继续扩大农村金融市场准入，引导社会资金投资，设立适应农村需要的各类新型金融组织，加快培育村镇银行、贷款公司、农村资金互助社，有序发展小额贷款组织。支持偏远地区新设农村金融机构，确保偏远农村地区所有居民都能享受到基本金融服务。

第四节　农村土地管理

一、农村土地承包经营权流转管理的办法

为规范农村土地承包经营权流转行为，维护流转双方当事人合法权益，促进农业和农村经济发展，根据《中华人民共和国农村土地承包法》及有关规定制定本办法。农村土地承包经营权流转应当在坚持农户家庭承包经营制度和稳定农村土地承包关系的基础上，遵循平等协商、依法、自愿、有偿的原则。农村土地承包经营权流转不得改变承包土地的农业用途，流转期限不得超过承包期的剩余期限，不得损害利害关系人和农村集体经济组织的

合法权益。农村土地承包经营权流转应当规范有序。依法形成的流转关系应当受到保护。县级以上人民政府农业行政主管（或农村经营管理）部门依照同级人民政府规定的职责负责本行政区域内的农村土地承包经营权流转及合同管理的指导。

承包方有权依法自主决定承包土地是否流转、流转的对象和方式。任何单位和个人不得强迫或者阻碍承包方依法流转其承包土地。

农村土地承包经营权流转收益归承包方所有，任何组织和个人不得侵占、截留、扣缴。农村土地承包经营权流转方式、期限和具体条件，由流转双方平等协商确定。受让方应当依照有关法律、法规的规定保护土地，禁止改变流转土地的农业用途。

在流转方式上，承包方依法取得的农村土地承包经营权可以采取转包、出租、互换、转让或者其他符合有关法律和国家政策规定的方式流转。承包方依法采取转包、出租、人股方式将农村土地承包经营权部分或者全部流转的，承包方与发包方的承包关系不变，双方享有的权利和承担的义务不变。

承包方流转农村土地承包经营权，应当与受让方在协商一致的基础上签订书面流转合同。农村土地承包经营权流转合同一式四份，流转双方各执一份，发包方和乡（镇）人民政府农村土地承包管理部门各备案一份。

在流转管理上，发包方对承包方提出的转包、出租、互换或者其他方式流转承包土地的要求，应当及时办理备案，并报告乡（镇）人民政府农村土地承包管理部门。承包方转让承包土地，发包方同意转让的，应当及时向乡（镇）人民政府农村土地承包管理部门报告，并配合办理有关变更手续；发包方不同意转让的，应当于7日内向承包方书面说明理由。

二、解读中央一号文件

中央一号文件开篇指出：以城乡发展一体化解决“三农”

问题。文件中明确指出要在5年内基本完成农村土地承包经营权确权登记颁证工作。

文件中提到加大农村改革力度、政策扶持力度、科技驱动力度，围绕现代农业建设，充分发挥农村基本经营制度的优越性，着力构建集约化、专业化、组织化、社会化相结合的新型农业经营体系，进一步解放和发展农村社会生产力。农业生产经营组织创新是推进现代农业建设的核心和基础。要尊重和保障农户生产经营的主体地位，培育和壮大新型农业生产经营组织，充分激发农村生产要素潜能。要稳定农村土地承包关系。抓紧研究现有土地承包关系，保持稳定并长久不变的具体实现形式，完善相关法律制度。坚持依法、自愿、有偿原则，引导农村土地承包经营权有序流转，鼓励和支持承包土地向专业大户、家庭农场、农民合作社流转，发展多种形式的适度规模经营。结合农田基本建设，鼓励农民采取互利互换方式，解决承包地块细碎化问题。土地流转不得搞强迫命令，确保不损害农民权益、不改变土地用途、不破坏农业综合生产能力。

思考题

1. 创业之初要做好哪些准备？
2. 针对农民创业，政府提供的优惠政策有哪些？
3. 农民创业需要哪些基本条件？

第三章　选择创业项目

第一节　了解市场行情

一、市场的概念

市场是一个有着多重涵义的概念，商品经济越发达，市场的范围和容量就越扩大。市场具有相互联系的4层含义。

（一）商品生产者和消费者之间交换关系的总和

经济学家从揭示经济实质的角度提出市场概念。他们认为，市场是一个商品经济范畴，是商品内在矛盾的表现，是供求关系。

卖方市场，是指市场供求关系中出现供不应求，卖方居于有利地位的市场态势。买方市场，是指商品供过于求，买方掌握市场交易主动权的一种市场形态。物质丰富时期，通常表现出的是买方市场，也就是消费者想买谁的产品就买谁的产品。

（二）买主和卖主聚集在一起进行交换的场所

在日常生活中，人们习惯将市场看作是买卖的场所，如集市、商场、纺织品批发市场等。随着社会交往的网络虚拟化，市场不一定是真实的场所和地点，当今许多买卖都是通过计算机网络来实现的，中国最大的电子商务网站——淘宝网，就是提供交换的虚拟市场。

（三）现实顾客和潜在顾客

市场营销学是站在卖方的角度来理解和运用“市场”这一概念的，因此，市场通常仅指买方。从营销的角度看，市场可以理解为具有特定需要和欲望，而且愿意并能够通过交换来满足这种需要或欲望的全部潜在顾客。市场是指某种产品的现实购买者与潜在购买者需求的总和。

（四）有购买力的需求

市场营销学认为，市场包含3个构成要素：有某种需要的人、为满足这种需要的购买能力和购买欲望。用公式表示就是：市场=人口+购买力+购买欲望。三者结合才能构成现实的市场。

二、市场的类型

（一）按照交易对象的不同分类

（1）按消费者类别划分：可以分为妇女市场、儿童市场、老年市场、青年市场等。

（2）按产品的自然属性划分：可以分为商品市场、技术市场、劳动力市场、金融市场、信息市场等。

（3）按交易对象的最终用途来划分：可以分为生产资料市场、消费资料市场和生产要素市场。

（4）按市场的时间标准划分：可以分为现货市场和期货市场。

（5）按地理标准（空间标准）划分：可以分为国内市场、国际市场、城市市场和农村市场等。

（二）按市场的主体不同分类

（1）按购买者的购买目的和身份划分：可以分为消费者市场、生产商市场（工业使用者市场或工业市场）、转卖者市场（中间商市场或政府市场）。

（2）按照企业的角色划分：可以分为购买市场、销售市场。

（3）按产品或服务供给方的状况划分：可以分为完全竞争市场、完全垄断市场、垄断竞争市场、寡头垄断市场。

第二节　把握市场机会

农民要在经营中立于不败之地，就要经常地寻找市场机会。机会是稍纵即逝的东西，它对每一个人来说都是公开的，也就是每一个农民都能发现它，但不能独自占有它。正因为它是公开的，在一定时间内你不利用，别人就会利用，市场被别人抢到了，你也就错过了机会。可见，能从复杂多变的市场环境中找到市场机会，对经营者是非常重要的。这就要求我们做好两项工作：一要深入调查，研究了解现状，二要比较准确把握经济发展规律，预测未来。

一、市场调研

市场调研是市场预测和经营决策过程中必不可少的组成部分，它是个人或组织根据特定的决策问题而系统地设计、收集、记录、整理、分析及研究市场各类信息资料、报告调研结果的工作过程。

市场调研的方法包括文案调研法、实地调研法、特殊调研法3种。

（一）文案调研法

文案调研法也叫二手资料收集法，是从已有的数据、资料、调研报告及已发表的文章中收集有效信息，然后加以整理和分析的一种市场调研方法。

（二）实地调研

实地调研是在制订详细的调研计划和方案的基础上，由调研人员直接向被调研者收集第一手资料，然后再进行整理分析，从而写出调研报告得出调研结果的方法，分为访问法、观察法和实验法3种。

（1）访问法：按所拟调研事项，有计划地以访谈、询问等方式向被调研者提出问题，通过他们的回答来获得有关信息和资料的一种调研形式，这也是市场调研中最常用、最基本的调研方法。它可分为深度访谈、GI（Gooel Idea）座谈会、问卷调查等方法，其中问卷调查又可分为电话访问、邮寄调查、留置问卷调查、入户访问、街头拦访等调查形式。采用此方法时应注意，所提问题确属必要，被访问者有能力回答所提问题，访问的时间不能过长，询问的语气、措词、态度、气氛必须合适。

（2）观察法：它指调查者在某活动现场对被调查者的情况直接观察、记录，以取得信息资料的一种调查方法。在观察过程中，常需要借助一些记录工具，如录音机、照相机、录像机、摄像头或其他器材。这种调查方法的最大特点是被调查者并不感到正在被调查，调查效果较为理想。一般包括直接观察法、亲身经历法、痕迹观察法、行为记录法等。其中，痕迹观察法是指观察调查对象留下的实际痕迹。例如，美国的汽车经销商同时经营汽车修理业务。他们为了了解在哪一个广播电台做广告的效果最好，对开来修理的汽车，要干的第一件事情就是派人看一看汽车收音机的指针是在哪个波段，从而可以了解到哪一个电台的听众最多，下一次就可以选择这个电台做广告。

（3）实验法：它是通过实际的、小规模的营销活动来调查关于某一产品或某项营销措施执行效果等市场信息的方法。实验的主要内容有产品的质量、品种、商标、外观、价格，促销方式及销售渠道等。它常用于新产品的试销和展销。

（三）特殊调研

特殊调查有固定样本、零售店销量、消费者调查组等持续性实地调查，投影法、推测试验法、语义区别法等购买动机调查，CATI 计算机调查等形式。

二、市场预测

市场预测就是运用科学的方法，对影响市场供求变化的诸因素进行调查研究，分析和预见其发展趋势，掌握市场供求变化规律，为经营决策提供可靠的依据，减少决策的盲目性，减少未来的不确定性，降低决策可能遇到的风险，使决策目标得以顺利实现。市场环境因素很多，包括政治的、经济的、人文的和技术的等，大到国家制度与政策，小到某个人的性格。对如此繁多的因素要进行筛选，因为有些因素对需求的影响并不大。通常的做法是先将所有影响因素一一列出，然后加以讨论评判，看有关环境因素的依据是否充分，若不充分则将其舍去。例如，多数商品都存在儿童市场，但香烟就不存在儿童市场，因此在分析香烟市场环境时就可将儿童这个因素去掉。

（一）市场预测的内容

1. 市场价格的变化

企业生产中投入品的价格和产品的销售价格直接关系到企业盈利水平。在商品价格的预测中，要充分研究劳动生产率、生产成本、利润的变化，市场供求关系的发展趋势，货币价值和货币流通量变化以及国家经济政策对商品价格的影响。

2. 生产发展及其变化

对生产发展及其变化趋势的预测，是对市场中商品供给量及其变化趋势的预测。

3. 市场容量及变化

市场商品容量是指有一定货币支付能力的需求总量。市场容量及其变化预测可分为生产资料市场预测和消费资料市场预测。生产资料市场容量预测是通过对国民经济发展方向、发展重点的研究，综合分析预测期内行业生产技术、产品结构的调整，预测工业品的需求结构、数量及其变化趋势。消费资料市场容量预测重点有以下 3 个方面。

（1）消费者购买力预测。预测消费者购买力要做好两个预测：

一是人口数量及变化预测，因为人口的数量及其发展速度在很大程度上决定着消费者的消费水平。二是消费者货币收入和支出的预测。

（2）预测购买力投向。消费者收入水平的高低决定着消费结构，即消费者的生活消费支出中商品性消费支出与非商品性消费支出的比例。消费结构规律是收入水平越高，非商品性消费支出会增大，如娱乐、消遣、劳务费用支出增加，在商品性支出中，用于饮食费用支出的比重大大降低。另外，还必须充分考虑消费心理对购买力投向的影响。

（3）预测商品需求的变化及其发展趋势。根据消费者购买力总量和购买力的投向，预测各种商品需求的数量、花色、品种、规格、质量等。

（二）市场预测的方法

1. 回归预测法

回归是指用于分析、研究一个变量（因变量）与一个或几个其他变量（自变量）之间的依存关系，其目的在于根据一组已知的自变量数据值，来估计或预测因变量的总体均值。在经济预测中，人们把预测对象（经济指标）作为因变量，把那些与预测对象密切相关的影响因素作为自变量。根据二者的历史和现在的统计资料，建立回归模型，经过统计检验后用于预测。回归预测有一个自变量的一元回归预测和多个自变量的多元回归预测。

2. 定性预测和定量预测

对于企业营销管理人员来说，应该了解和掌握这两种预测方法。

（1）定性预测法：定性预测法也称为直观判断法，是市场预测中经常使用的方法。定性预测主要依靠预测人员所掌握的信息、经验和综合判断能力，预测市场未来的状况和发展趋势。这类预测方法简单易行，特别适用于那些难以获取全面的资料进行统计分析的问题。因此，定性预测方法在市场预测中得到广泛的应用。定性预测方法又包括专家会议法、德尔菲法、销售人员意见汇集法、顾客需求意向调查法等。

（2）定量预测法：定量预测是利用比较完备的历史资料，运用数学模型和计量方法，来预测未来的市场需求。定量预测基本上分为两类，一类是时间序列模式，另一类是因果关系模式。

3. 时间序列预测法

在市场预测中，经常遇到一系列依时间变化的经济指标，如企业某产品按年（季）的销售量、消费者历年收入、购买力增长统计值等，这些按时间先后排列起来的一组数据称为时间序列。依时间序列进行预测的方法称为时间序列预测。

（三）市场预测的类型

1. 按预测的时间跨度划分

可以分为短期预测、近期预测、中期预测和长期预测。

短期预测，是根据市场上需求变化的现实情况，以旬、周为时间单位，预计一个季度内的需求量（销售量）。近期预测，主要是根据历史资料和当前的市场变化，以月为时间单位测算出年度的市场需求量。中期预测，是指3~5年的预测，一般是对经济、技术、政治、社会等影响市场长期发展的因素，经过深入调查分析后，所做出的未来市场发展趋势的预测，为编制3~5年计划提供科学依据。长期预测，一般是5年以上的预测，是为制定经济发展的长期规划预测市场发展趋势，为综合平衡、统筹安排长期的产供销比例提供依据。

2. 按预测的空间范围划分

按地理空间范围，可分为国内预测和国际市场预测；按经济活动空间范围，可分为宏观市场预测和微观市场预测。

【知识点】农民如何发现市场机会

第一，对市场环境进行分析，找出可能存在的市场机会。假如要开发一种新食品，首先要对食品市场和人们生活方式及水平进行调查，看一看解决了温饱后的消费者想吃哪种类型的食品，是甜的、酸的、方便的，还是无公害的。经彻查发现目前人们的健康意识增强了，收入水平提高了，人们对保健食品的需求会不断提高。因而发现了保健食品是一种市场机会。

第二，确定市场机会所具备的成功条件有哪些。前面分析而定的市场机会要真正变成可以利用的机会，还需要一定的条件。例如，我们确认保健食品是一种市场机会，这一市场机会的成功条件包括：①原料；②特定的自然气候和地理条件；③生产加工技术；④足够的资金投入；⑤足够的厂房设备；⑥高素质人才；⑦生产者在市场上有信誉。

第三，分析自己在该市场机会上所拥有的优势。对照市场机会成功的条件，分析自己本身的能力，如果所需条件不能全部具备，则说明该市场机会不能为自己所利用。如果条件具备，则说明该市场机会可以被自己利用，此时应转入下一步的工作。

第四，将自己拥有的竞争优势同潜在竞争对手所拥有的竞争优势相比较，以确定自己在这一市场机会上是否拥有差别利益，以及这种差别利益的大小。如果能肯定拥有这种差别利益并足够大，则说明该市场机会是可以利用的。还以保健食品为例，如果你自己与其他生产者比较，你从事该项目的生产，每斤食品能多赚0.5元或更多，则你就敢肯定自己可以从事保健食品生产。如果人家每斤食品比你多赚0.5元或更多，说明你生产该食品是不利的，自然就不是一个很好的项目。

第五，对市场机会进一步分析，决定到底进入哪种市场。市场是一个庞大整体，任何一种产品或劳务都不可能满足所有顾客的需要，因此当抓住市场机会之后，还要决定到底自己进入市场的哪个部分。比如保健食品市场，有城市与乡村之分，有大城市与小城市之分，有儿童市场与老年市场之分等。这就要具体决定进入哪个市场，是生产儿童保健食品，还是生产老年保健食品。只有这样，才能充分发挥自己的优势，开拓新市场一举成功，如果不进行这种细分，就会导致眉毛胡子一把抓，弄不好还会“竹篮打水一场空”。

最后，需要提醒的是，在分析市场机会时应该小心从事，不能轻率，要避免犯下述两类错误：一是错误地认为市场机会没有发展前途，而不将其作为经营机会看待，从而失掉一个广阔市场；二是过高估计了自己的优势，而将自己不能享有最大差别收益的市场作为自己的机会看待。这两种错误都是极容易犯的，所以要求经营者一定要分析问题周详，决定问题谨慎。

第三节　选择创业项目

一、分析创业环境

（一）外部环境分析的内容

（1）产业环境。首先，对于一个特定的企业来说，它总是存在于某一产业（行业）环境之内，这个产业环境直接地影响企业的生产经营活动。所以第一类外部环境是产业环境，它是企业微观的外部环境。例如，市场环境分析，包括产品市场需求分析、产品市场供给分析、产品市场价格分析、项目投入物市场分析、项目产品分析、市场行为分析、市场空间范围分析；信息技术环境分析，包括信息意识、信息获取成本、信息实用性、信息服务水平等。

（2）宏观环境。第二类外部环境因素间接地或潜在地对企业发生作用和影响，将这第二类外部环境称为企业的宏观外部环境。一般说来，宏观外部环境包括以下因素或力量，即政治—法律因素和经济因素，社会—人文因素和技术因素。例如，制度环境分析，除了分析国家的政治制度、市场经济制度、利益分配制度、社会保障制度这些正式制度外，还包括分析意识形态和传统文化这些非正式制度；政策环境分析，包括税收财政政策分析、产业政策分析、用地政策分析；文化环境分析，包括价值观念、理想情操、社会结构、家庭结构、人口素质、民俗民风、态度取向、生活方式等；资源环境分析，包括资源的特点和优势分析、资源与项目适应性分析、生产潜力与资源承载力估计。各个企业均要受到政治、经济、社会和技术等宏观环境的影响。当然，这些因素和力量都是相互联系、相互影响的。

（二）内部环境分析的内容

1. 资本规模

有多少资金，适宜开创哪类市场（项目）。

2. 技术条件

关键技术的掌握程度、成本控制技巧、营销手段。

3. 组织管理能力

组织协调能力、用人能力、经营管理能力。

4. 自身素质

心理素质、身体素质、知识素质、能力素质、人际关系。

通过对自身所处的内外环境进行充分认识和评价，可以明确自身发展的优势和劣势，以便发现市场机会和威胁。

二、选择易成功的创业项目

做生意如何选择项目是决定成功与否的重要环节，对获取的信息要善于分析，没有经过实地考察和对现有用户经营情况进行了解的，千万不要轻易投资。重考察，一要看信息发布者的公司实力和信誉，最好向当地工商管理等部门了解情况；二要看项目成熟度，有无设备，服务情况如何，能不能马上生产上市等；三要看目前此项目的实际实施者在全国有多少，经营情况如何等。项目选择得好，就成功了一半。

（一）要选择适合自己的项目

俗话说“隔行如隔山”，应尽量选择与自己的专业、经验、兴趣、特长能挂得上钩的项目。

（二）慎重选择热门项目

选择项目不要人云亦云，如果挑一些目前最流行的行业，没有经过任何评估，就一头栽入，往往会以失败告终。要知道，这些行业往往市场已饱和，就算还有一点空间，利润也不如早期大。趁热投资的小本经营者不是面对一个同行业的市场巨人，就是收拾人家已无油水的残羹剩饭。

（三）要选择有良好市场前景的项目

所发展项目要有直观的利润。有些产品需求很大，但成本高、利润低，忙活一阵只赚个吆喝的大有人在。产品的市场支持力、市场容量及自身接受能力对创业者来讲至关重要，要多考察当地市场，看看所选项目是否在当地有需求及靠自己的能力是否可以进入市场等。

（四）要选择具有独特资源优势的项目

靠山吃山，靠水吃水，创业者如果能慧眼独具，发掘自己身边特有的资源进行投资开发，往往容易成功。

（五）选择投资少、风险小的项目

当你瞄准某个项目时最好适量介入，以较少的投资来了解认识市场，等到自认为有把握时，再大量投入，放手一搏。不要嫌投入太少而利润小。“船小好调头”，即使出现失误，也有挽回的机会。

（六）要做到三个“万万不可”

在项目实施过程中，万万不可先交钱后办事，不要把自己的辛苦钱，仅凭一纸合同或协议，就轻易付给对方；万万不可轻信对方的许诺，在签订合同时就应留一手，以防止对方有意违约给自己带来损失，万万不可求富心切，专门挑选看上去轻而易举就赚大钱的项目去干，越具有诱惑力的项目，往往风险也越大。

（七）选择薄利多销不压货的项目

薄利多销，是一种很好的低价位定价策略，“三分毛利吃饱，七分毛利饿死人”的说法，就是对薄利多销的一种形象比喻。一般人赚钱，只图眼前利益，往往在一次性购买上死要价钱，结果因价格昂贵，而生意做死了。薄利，并不是要真的减少你的总利润。而是把眼前和长远结合到了一起，把点和面绪合到了一起，它以薄利为手段，来增加销售，以多销售，可从总体上获得多利。通俗地说，1 个萝卜卖 10 元钱给人家，你也发不了财。而你 1 个萝卜只赚 1 分钱，10 万个萝卜就能赚不少钱了，何况，市场竞争日益激烈，不同的商家，不同的渠道，竞争优势各有不同。别为了一点蝇头小利，而把市场堵死了。要像老鼠拖葫芦那样，大的积累在后头。

三、警惕项目投资陷阱

信息时代，报刊广告、信函广告、张贴广告铺天盖地，鱼目混珠，真假难分。当农民选择致富项目时，必须三思而后行，千万别掉进创业致富路上的“陷阱”里。

（一）假联营加工，真卖设备

某些厂家在报刊刊登所谓免费供料、寻求联营加工手套或服装的广告，称只要购买他们的加工机械，交押金后可免费领料加工，厂方负责回收，你就可获得高额的加工费。结果并非如此，当你购买了他们的机械，交押金领料加工完产品送交时，厂方就会以不合格拒收，或厂家搬到异地他乡，不知去向，使你血本无归。

（二）融资诈骗

对创业者来说，除了要对投资公司的背景进行全面调查，还需要保持警惕的心态，特别是对各种付款要求，多问几个为什么，必要时可用法律合同来保障自己的利益。

（三）骗取保证金

翻看各种报刊以及信函广告，诸如电话防盗器、节能灯、书写收音两用笔等广告很多，广告称只要交保证金，就可免费领料组装，回收产品，让你获得丰厚的组装费。这类广告可疑性较大。当你交付保证金领料组装完产品送交时，此广告主常以组装不合格为由拒收，目的是骗你几千元的保证金。

（四）合同玩你没商量

某些广告谎称收藏古钱可致富，照他们的资料收藏古钱，再送到古钱币交易市场出售，就能成为富翁，这是一个铺满鲜花的陷阱，实际上并非如此。全国各地古钱币市场很少有收购古钱币的，一般只出售古钱市。即使收购，也没有资料上所标的那么高的价格。

一些农民信息不灵，想通过特种养殖寻找致富捷径。而不法广告主正是利用这种心理，以签订合同、法律公证、高价回收为幌子，将一些当前尚未形成市场的动物品种四处倾销，见机携款潜逃，使合同变为废纸。

（五）网络诈骗

一些不法分子利用高科技手段移花接木，借用正规企业的名号行骗。其实网络只是交易的一种媒介，通过网络获得商业信息后，必须进行网下的考察。特别是业务量大的单子，高利润的项目往往风险也相对较高，创业者更要小心谨慎，亲自走访是非常必要的，不能仅是坐在家中敲敲键盘。有条件的话，可请投资、法律方面的专家把关。

（六）专利技术行骗

有些单位或个人为了骗取技术转让费，专门提供一些成熟、虚假、无实用价值的技术，并称已获专利，专利号为××。一些农民向某单位接产洗衣粉，可结果产品始终无法达到广告宣称的标准。难怪一些权威人士称，按某些技术资料土法生产出来的产品绝大多数为伪劣产品。如按其提供的专利号到专利局查询，就会发现多属子虚乌有。

有的广告主利用农民求新异、求高产的心理，出售一些未经审（认）定的农作物品种。其所谓的“超高产”、“新特优”都是售种者自定的“名牌”。还有的将众所周知的一般品种改换一个全新的名字，迷惑引种者。

（七）宣传夸大投资回报

不少人打着××药材研究所、××药材厂的招牌，为销售种子种亩，将一些价格下滑的品种在广告中肆意吹嘘；有的将一些对环境及栽培技术有较严格要求的品种，一律说成南北皆宜，易于管理；还有的打着“联营”、“回收”等幌子骗人。

（八）非法传销

传销实际上是有组织的犯罪活动，利用参与者对组织者宣称的“一夜暴富”理念产生兴趣，或被传销头目提出的“平等”、“关爱”等虚拟的东西所迷惑。

【案例】农民网上创业成功案例

原本在四川电力公司工作的吴剑波，放弃了每月上千元的稳定收入，回到自己的农村老家开起了网店，做起了网上代理销售。吴剑波告诉记者，没出过大山的父母，对网络这种虚拟化的新事物难免不理解，“房间里没有产品，只有几台电脑，这样也能赚钱，让他们觉得不可思议”。

虽然遭到了反对，吴剑波依然坚持着自己的选择。“反正在外面也是打工，还不如趁年轻回家创业”吴剑波说，他扮演的是中间商的角色，帮助企业联系生产基地、找到理想货源，靠收取中介费盈利，“现在，我在网上已经开了12家分店，拿到了12家企业的代理权，今年收入大概在12万元左右。”

吴剑波开网店致富的消息不胫而走，当地一些农村青年纷纷向他“拜师学艺”，尝试在网上创业。“开了网店，卖些专业修理配件，现在我一月也可以赚1 000多元。”月山村的机车修理工吴发，已经师从吴剑波一个多月，过去从没摸过鼠标键盘的他，为了开网店专门买来电脑，很快就掌握了上网经营的窍门，收入也随之翻番。举水乡照田村的吴星也辞去了在庆元县城的工作，回到家乡开始了网上创业，“现在我每月的收入是原来的好几倍，还认识了一批志同道合的朋友，我觉得网上创业很有前途!”

据了解，目前他们家乡已经有20多位青年农民开设了10多家网店。“我们打算组建一个庆元农村青年网络合作社，把村里的山货销往全国各地，带动村民增收。”吴剑波自豪地说。

案例分析：及时了解当前的热门行业和消费者的消费习惯是成功创业的基础。

思考题

1. 如何分析创业环境？

2. 如何选择易成功的创业项目？

第四章　撰写创业计划书

在选定创业目标与确定创业动机后，当资金、人脉、市场等各方面的条件都已准备妥当或已经累积了相当实力，这时候需要编制一份完整的创业计划书，创业计划书是整个创业过程的灵魂。创业计划书包括如下内容。

第一节　计划摘要

计划摘要列在创业计划书的最前面，它浓缩了创业计划书的精华。计划摘要涵盖了计划要点，一目了然，以便读者能在最短的时间内评审计划并做出判断。

一、计划摘要的内容

计划摘要一般要有以下内容：公司介绍、主要产品和业务范围、市场概貌、营销策略、销售计划、生产管理计划、管理者及其组织、财务计划、资金需求状况等。

在介绍企业时，首先要说明创办新企业的思路，新思想的形成过程以及企业的目标和发展战略。其次，要交代企业现状、过去的背景和企业的经营范围。在这一部分中，要对企业以往的情况做客观的评述，不回避失误。

二、中肯的分析

中肯的分析往往更能赢得信任，从而使人容易认同企业的创业计划书。最后，还要介绍创业者的背景、经历、经验和特长等。企业家的素质对企业的成效往往起关键性的作用。在这里，企业家应尽量突出自己的优点并表示自己强烈的进取精神，以给投资者留下一个好印象。

三、在计划摘要中，企业必须回答的问题

在计划摘要中，企业还必须回答下列问题：企业所处的行业；企业经营的性质和范围；企业的主要产品；企业的市场范围；目标顾客及其需求；企业的合伙人、投资人；企业的竞争对手；竞争对手对企业的发展的影响。

摘要尽量简明、生动。特别要详细说明企业的不同之处以及企业获取成功的市场因素。如果企业家了解他所做的事情，摘要仅需两页纸就足够了。如果企业家不了解自己正在做什么，摘要就可能要写20页纸以上。因此，有些投资家就依照摘要的长短来“把麦粒从谷壳中挑出来”。

第二节　产品（服务）介绍

一、产品（服务）介绍的内容

在进行投资项目评估时，投资人最关心的问题之一就是企业的产品、技术或服务能否以及在多大程度上解决现实生活中的问题，或者企业的产品（服务）能否帮助顾客节约开支，增加收入。因此，产品介绍是创业计划书中必不可少的一项内容。通常，产品介绍应包括以下内容：产品的概念、性能及特性；主要产品介绍；产品的市场竞争力；产品的研究和开发过程；发展新产品的计划和成本分析；产品的市场前景预测；产品的品牌和专利。在产品（服务）介绍部分，企业家要对产品（服务）做出详细的说明，说明要准确，也要通俗易懂，使非专业人员的投资者也能看明白。

二、产品（服务）介绍必须要回答的问题

一般地，产品介绍都要附上产品原型、照片或其他介绍。产品介绍必须回答以下问题。

（1）顾客希望企业的产品能解决什么问题，顾客能从企业

的产品中获得什么好处?

(2)企业的产品与竞争对手的产品相比有哪些优缺点，顾客为什么会选择本企业的产品?

(3)企业为自己的产品采取了何种保护措施，企业拥有哪些专利、许可证，或与已申请专利的厂家达成了哪些协议?

(4)为什么企业的产品定价可以使企业产生足够的利润，为什么用户会大批量地购买企业的产品?

(5)企业采用何种方式去改进产品的质量、性能，企业对发展新产品有哪些计划等。产品（服务）介绍的内容比较具体，因而写起来相对容易。虽然夸赞自己的产品是推销所必需的，但应该注意，企业所做的每一项承诺都是“一笔债”，都要努力去兑现。

要牢记，企业家和投资家所建立的是一种长期合作的伴关系。空口许诺，只能得意于一时。如果企业不能兑现承诺，不能偿还“债务”，企业的信誉必然要受到极大的损害，这是真正的企业家所不屑为的。

第三节　组织结构及需求预测

一、人员及组织结构

有了产品之后，创业者第二步要做的就是组成一支有战斗力的管理队伍。企业管理得好坏，直接决定了企业经营风险的大小。而高素质的管理人员和良好的组织结构则是管理好企业的重要保证。因此，风险投资家会特别注重对管理队伍的评估。

企业的管理人员应该是互补型的，而且要具有团队精神。一个企业必须要具备负责产品设计与开发、市场营销、生产作业管理、企业理财等方面的专门人才。在创业计划书中，必须要对主要管理人员加以阐明，介绍他们所具有的能力，他们在本企业中的职务和责任，他们过去的详细经历及背景。此外，在这部分创业计划书中，还应对公司结构做一简要介绍，包括：公司的组织机构图；各部门的功能与责任；各部门的负责人及主要成员；公司的报酬体系；公司的股东名单，包括认股权、比例和特权；公司的董事会成员；各位董事的背景资料。

二、需求预测

当企业要开发一种新产品或向新的市场扩展时，首先就要进行市场预测。如果预测的结果并不乐观，或者预测的可信度让人怀疑，那么投资者就要承担更大的风险，这对多数风险投资家来说都是不可接受的。市场预测首先要对需求进行预测：市场是否存在对这种产品的需求；需求程度是否可以给企业带来所期望的利益；新的市场规模有多大；需求发展的未来趋向如何；影响需求的因素有哪些。

其次，市场预测还要包括对市场竞争的情况——企业所面对的竞争格局进行分析：市场中主要的竞争者有哪些；是否存在有利于本企业产品的市场空间；本企业预计的市场占有率是多少；本企业进入市场会引起竞争者怎样的反应，这些反应对企业会有什么影响等。

在创业计划书中，市场预测应包括以下内容：市场现状综述、竞争厂商概览、目标顾客和目标市场、本企业产品的市场地位、市场区别和特征等。风险企业对市场的预测应建立在严密、科学的市场调查基础上。风险企业所面对的市场，本来就有更加变幻不定的、难以捉摸的特点。因此，风险企业应尽量扩大收集信息的范围，重视对环境的预测和采用科学的预测手段和方法。创业者应牢记的是，市场预测不是凭空想象出来，对市场错误的认识是企业经营失败的最主要原因之一。

第四节　营销策略与制订计划

一、营销策略

营销是企业经营中最富挑战性的环节，影响营销策略的主要因素有：消费者的特点、产品的特性、企业自身的状况、市场环境方面的因素。最终影响营销策略的则是营销成本和营销效益因素。

在创业计划书中，营销策略应包括以下内容：市场机构和营销渠道的选择；营销队伍和管理；促销计划和广告策略；价格决策。对创业企业来说，由于产品和企业的知名度低，很难进入其他企业已经稳定的销售渠道中去。因此，企业不得不暂时采取高成本低效益的营销战略，如上门推销、大打商品广告、向批发商和零售商让利，或交给任何愿意经销的企业销售。对发展企业来说，它一方面可以利用原来的销售渠道，另一方面也可以开发新的销售渠道以适应企业的发展。

二、制订计划

创业计划书中的生产制订计划应包括以下内容：产品制造和技术设备现状；新产品投产计划；技术提升和设备更新的要求；质量控制和质量改进计划。

在寻求资金的过程中，为了增大企业在投资前的评估价值，创业者应尽量使生产制订计划更加详细、可靠。一般地，生产制订计划应回答以下问题：企业生产制造所需的厂房、设备情况如何；怎样保证新产品在进入规模生产时的稳定性和可靠性；设备的引进和安装情况，谁是供应商；生产线的设计与产品组装是怎样的；供货者的前置期和资源的需求量；生产周期标准的制定以及生产作业计划的编制；物料需求计划及其保证措施质量控制的方法是怎样的；相关的其他问题。

思考题

1. 计划摘要的内容有哪些？
2. 产品介绍必须要回答哪些问题？

第五章 选择经营模式

第一节 个体经营模式

一、个体经营概述

个体经营是生产资料归个人所有，以个人劳动为基础，劳动所得归劳动者个人所有的一种经营形式。个体经营有个体工商户和个人合伙两种形式。社会上一般认同的个体工商户指广义上的个体工商户，其中包括个人合伙。

个体工商户形式的个体经营实体上具有自然人和经营者双重身份。作为自然人，其享有法律赋予人的一切权利，包括一般经营，组织所不可能享有的婚姻自主权、财产继承权等民事权利。同时，其作为个体工商户，又享有法律赋予的、不是一般自然人所能享有的经营权利，如请帮手、带学徒、起字号、签订经营合同等工商业经营的权利。按法律、法规要求，其取得双重身份的前提条件是必须依法经核准登记，领取营业执照，因而属于营业适用的市场主体。

个人合伙形式的个体经营实体是自然人的集合、财产的集合。合伙人之间具有共同经营、共同劳动、共担风险的经营关系，在一定程度上兼顾了各方面的优势，表现为：既有合伙人之间的相互制约，又具有企业股东更为融洽的人际关系，因而出现随意性决策和无益内耗的可能性较小；既能实现较为科学的管理，又不必专设管理机构，因而节约了相应的人力、物力；既能实现人、财、物的有度聚合，又不像公司制企业那样必须经过一系列法定程序才能处理问题，因而有经营灵活的优势；由于所有合伙人都对经营债务承担连带无限责任，使得个人合伙有相对可靠的商业信用和责任分担的经营风险，使经营者与其交易伙伴都具有较强的经营信心。

二、办理个体工商户执照

个体工商户开业登记的核准依据《城乡个体工商户管理暂行条例》和《城乡个体工商户管理暂行条例实施细则》。

（一）核准程序

受理、审查、核准、发照。

（二）设立条件

（1）从业人员条件：有经营能力的城镇待业人员、农村村民及国家政策允许的其他人员。

（2）可以经营的范围：工业、手工业、建筑业、交通运输业、商业、饮食业、服务业、修理业及国家法律和政策允许个体工商户生产经营的其他行业和项目。

（3）登记应出具的证明文件：身份证明和从事生产经营活动能力的资料证明。

（三）所需资料

（1）《个体工商户名称预先核准登记表》（由工商所核准名称）。

（2）《个体工商户开业登记申请表》（有从业人员的另填《从业人员登记情况表》）。

（3）负责人、从业人员有关证件，包括：身份证原件、复印件，市内常（暂）住人口计划生育证明，相片（一寸）3 张。

（4）经营场地证明（租赁房产须提交租房合同及出租方的产权证明；自有房产须提交房产证原件及复印件，改变使用功能的要提交国土规划部门意见）。

（5）法律、行政法规规定需报批的项目要提交国家有关部门的批准文件（许可证原件及复印件或有关部门的意见）。

（6）登记机关要求提交的其他文件。

（四）核准时限

10个工作日之内做出核准登记或不予登记的决定。

第二节　公司经营模式

一、公司的含义

公司是指一般以营利为目的，从事商业经营活动或为某些目的而成立的组织。根据现行中国公司法（2005），其主要形式为有限责任公司和股份有限公司。两类公司均为法人（民法通则36条），投资者可受到有限责任保护。

二、个体工商户与公司的区别

从所需要的资金上来看：个体工商户一般要租一套房子，一年要20 000元左右，进货存货要20 000元左右，装修投入50 000元左右，工人工资每年20 000元左右。这总共大约110 000元。

从税收费用上看：个体工商户要缴个人所得税、增值税，有限公司要缴企业所得税，增值税，这方面没有多少差别。

从信誉值上来看：多数情况下买家认为有限公司更具实力，往往对个体工商户的信任不足。

从市场范围上来看：个体工商户只能在本地经营，而有限公司则可以把经营范围伸向全国甚至更广。

总之，从管理者角度分析，把个体工商户的执照改成有限公司在经营中更加有利，新进入市场的朋友应该直接注册有限公司。

三、有限责任公司和股份有限公司的区别

有限责任公司属于“人资两合公司”，其运作不仅是资本的结合，而且还基于股东之间的信任关系，在这一点上，可以认为

它是基于合伙企业和股份有限公司之间的；股份有限公司完全是资合公司，是股东的资本结合，不基于股东间的信任关系。

有限责任公司的股东人数有限制，为2人以上50人以下（2006年1月起新的公司法规定，允许1个股东注册有限责任公司而股份有限公司股东人数没有上限，但是不能少于5人）。

有限责任公司的最低注册资金10万元；股份有限公司注册资本最低限额为人民币1 000万元。

有限责任公司的股东向股东以外的人转让出资需要经过全体股东过半数同意；而股份有限公司的股东向股东以外的人转让出资没有限制，可以自由转让。

有限责任公司不能公开募集股份，不能发行股票；而股份有限公司可以公开发行股票。

有限责任公司不用向社会公开披露财务、生产、经营管理的信息；而股份有限公司由于股东人数多、流动频繁，需要向社会公开其财务状况。

四、成立公司的流程

（一）选择公司形式

普通的有限责任公司，最低注册资金3万元，需要2个或2个以上的股东。从2006年1月起，新的公司法规定，允许1个股东注册有限责任公司，这种特殊的有限责任公司又称“一人有限公司”（但公司名称中不会有“一人”字样，执照上会注明“自然人独资”），最低注册资金10万元。

如果和朋友、家人合伙投资创业，可选择普通的有限公司，最低注册资金3万元。如果只有你一个人作为股东，则选择一人有限公司，最低注册资金10万元。

（二）注册公司所需资料

（1）个人资料：身份证、居住地址、电话号码。

（2）注册资金。

（3）拟订注册公司名称若干。

（4）公司经营范围。

（5）租房房产证、租赁合同。

（6）公司住所。

（7）股东名册及股东联系电话、联系地址。

（8）公司的机构及其产生办法、职权、议事规则。

（9）公司章程。

（三）注册步骤

（1）名称核准。到工商局领取一张“企业（字号）名称预先核准申请表”，填写你准备取的公司名称，由工商局上工商局内部网检索是否有重名，如果没有重名，就可以使用这个名称，据此核发一张“企业（字号）名称预先核准通知书”。工商名称核准费是 40 元，交给工商局。30 元可以帮你检索 5 个名字，很多名字重复，注意不要选择一般常见的名字。

（2）租房。去专门的写字楼租一间办公室，如果自己有厂房或者办公室也可以，有的地方不允许在居民楼里办公。房租一般起租最少 6 个月，还要交付 2 月押金，并支付房屋中介机构半个月房租作为中介费用。

（3）签订租房合同。与你所租办公室的房东一同去房屋租赁所签订合法的租赁合同。租房合同打印费 5 份 15 元，房产证复印件 5 张 2.5 元。

（4）买租房的印花税。到税务局去买印花税，按年租金的1‰的税率购买，贴在房租合同的首页。例如，每年房租是 1.2 万元，那就要买 12 元钱的印花税，后面凡是需要用到房租合同的地方，都需要贴了印花税的合同复印件。

（5）编写“公司章程”。可以在工商局网站下载“公司章程”的样本，修改一下就可以了。章程的最后由所有股东签名。假设章程打印5份（股东2人各1份、工商局1份、银行1份、会计师事务所1份），章程打印费15元、下载公司章程的上网费2元。

（6）刻私章去街上刻章的地方刻一个私章，告诉他们要刻法人私章（方形的）。刻章费用20元。

（7）到会计师事务所领取“银行询征函”。联系一家会计师事务所，在事务所附近的银行开临时验资账户，方便验资。

（8）去银行开立公司验资户。所有股东带上自己入股的那一部分钱到银行，带上公司章程、工商局发的核名通知、法人代表的私章、身份证、用于验资的钱、空白询征函表格，到银行去开立公司账户，你要告诉银行是开验资户。开立好公司账户后，各个股东按自己出资额向公司账户中存入相应的钱。银行会发给每个股东交款单、并在询征函上盖银行的章。公司验资户开户费50元。

注意：公司法规定，注册公司时，投资人（股东）必须交纳足额的资本，可以以货币形式（也就是人民币）出资，也可以以实物（如汽车、房产、知识产权等）出资。到银行办的只是货币出资这一部分，如果你有实物、房产等作为出资的，需要到会计师事务所鉴定其价值后再以其实际价值出资，比较麻烦，因此建议你直接拿钱来出资。公司法不管你用什么手段拿的钱，自己的也好、借的也好，只要如数交足出资款即可。

（9）办理验资报告。联系会计事务所，拿着银行出具的股东缴款单、银行盖章后的询征函，以及公司章程、核名通知、房租合同、房产证复印件，到会计师事务所办理验资报告，会计师事务师验资报告按注册资本收费。50万元以下注册资金验资费1 000元。

（10）注册公司。到工商局领取公司设立登记的各种表格，包括设立登记申请表、股东（发起人）名单、董事经理监理情况、法人代表登记表、指定代表或委托代理人登记表。注册登记费，按注册资金的0.8‰收取。填好后，连同核名通知、公司章程、房租合同、房产证复印件、验资报告一起交给工商局。大概3个工作日后可领取执照。注册公司手续费300元。

（11）刻章。凭营业执照，到公安局特行科审批，然后到指定的刻章社，去刻公章、财务章，刻完后再去公安局备案。后面步骤中，均需要用到公章或财务章。现在银行要求必须用牛角章，比较贵。公章100元，财务章100元。

（12）办理企业组织机构代码。凭营业执照到技术监督局办理组织机构代码证，费用是80元，办这个证需要2日。

（13）办理税务登记。领取执照后，30日内到当地税务局申请领取税务登记证。一般的公司都需要办理2种税务登记证，即国税和地税。通常2日内办好，费用各40元，共80元。

（14）去银行开基本户。凭营业执照、组织机构代码证、税务登记证以及1 000元左右现金，去银行开立基本账号。最好是在原来办理验资时的那个银行的同一网点去办理，否则，会多收100元的验资账户费用。开基本户需要填很多表，你最好把能带齐的东西全部带上，要不然要跑很多趟，包括营业执照正本原件、身份证、组织机构代码证、公章、财务专用章、法人章。本环节审核时间较长，需要3周。

（15）请兼职会计。办理税务登记证时，必须有一个会计，因为税务局要求提交的资料其中有一项是会计资格证和身份证。中小企业可请一些专业代理公司记账，费用低于专职会计，而且对政策的把控程度较高。

（16）申请领购发票。如果你的公司是销售商品的，应该到国税去申领发票，如果是服务性质的公司，则到地税申领发票。

第三节 农村经纪人经营模式

一、农村经纪人的含义

农村经纪人是指在农村经济活动中，以收取佣金为目的，而从事中介（居间）、行纪、代理、咨询以及产品运销等经营服务的公民、法人和其他经济组织。

这一定义的内涵有五层含义：经纪人在活动中以收取佣金为目的；服务对象为买卖双方；经纪人活动的中心是要促成他人交易；经纪活动的形式主要是居间、行纪、代理等；经纪人活动的主体包括公民、法人和其他经济组织。

按照经纪活动的类型可以划分为农产品经纪人、技术经纪人、信息型经纪人、劳务经纪人、文化经纪人、保险经纪人。

二、农村经纪人的组织形式

（1）以公司形式出现的农村经纪人合法组织。这种组织形式有法人代表，有明确的产权关系，因此运行效率很高，市场开拓和抵御风险的能力很强，信息资源的综合利用水平较高，是未来农村经纪人发展的必然方向。

（2）以专业协会形式。这类协会是自发组建的，没有明确的产权关系，本着民办、民管、民受益的原则，因此，运行效率高，市场信息流通速度快，值得大力发展，专业协会型主要可分为两种类型。

一是技术服务型。该协会负责新品种引进，实用技术培训，加速农业和农村的高科技步伐，一般不负责产品的销售服务。

二是市场开拓型。也叫订单农业型，其特点是：协会向外跑市场签订单，统一引进良种，统一育亩，统一技术要求，统一技术培训，与会员和农户签订单合同，由协会统一销售，所以市场风险小，丰收有保证。

(3) 以信息中介服务站或农产品经营部为依托的方式，提供一定的信息和产品，但不负责回收相应产品。

(4) 表面没有加入任何组织的经纪人，他们主要以个人为单位活动，这是一种原始的组织形式。从宏观来看，单独经营必然导致社会总体交易成本过高，另外个体抵御风险能力较差，因此效率特别低。

第四节　农民专业合作社经营模式

一、农民专业合作社经营模式的概述

农民专业合作社是在农村家庭承包经营基础上，同类农产品的生产经营者或者同类农业生产经营服务的提供者、利用者，自愿联合、民主管理的互助性经济组织。农民专业合作社以其成员为主要服务对象，提供农业生产资料的购买、农产品的销售、加工、运输、贮藏以及与农业生产经营有关的技术、信息等服务。

二、农民专业合作社应具备的条件

(1) 有5名以上符合规定的成员，即具有民事行为能力的公民，以及从事与农民专业作社业务直接有关的生产经营活动的企业、事业单位或者社会团体，能够利用农民专业合作社提供的服务，承认并遵守农民专业合作社章程，履行章程规定的入社手续的，可以成为农民专业合作社的成员。但是，具有管理公共事务职能的单位不得加入农民专业合作社。

农民专业合作社应当置备成员名册，并报登记机关。农民专业合作社的成员中，农民至少应当占成员总数的80%。成员总数20人以下的，可以有一个企业、事业单位或者社会团体成员，成员总数超过20人的，企业、事业单位和社会团体成员不得超过成员总数的5%。

（2）有符合法律规定的章程。

（3）有符合法律规定的组织机构。

（4）有符合法律、行政法规规定的名称和章程确定的住所。

（5）有符合章程规定的成员出资。

三、农民合作社设立的程序

（1）发起筹备。

（2）制定合作社章程。

（3）推荐理事会、监事会候选人名单。

（4）召开全体设立人大会。

（5）组建工作机制。

（6）登记、注册。

四、农民专业合作社应遵循的原则

（1）成员以农民为主体。

（2）以服务成员为宗旨，谋求全体成员的共同利益。

（3）入社自愿、退社自由。

（4）成员地位平等，实行民主管理。

（5）盈余主要按照成员与农民专业合作社的交易量（额）比例返还。

第五节　生态农业经营模式

一、生态农业模式概述

生态农业模式是一种在农业生产实践中形成的、兼顾农业经济效益、社会效益和生态效益、结构和功能优化了的农业生态系统。

二、生态农业模式类型

为进一步促进生态农业的发展，农业部向全国征集到了 370 种生态农业模式或技术体系，通过专家反复研讨，遴选出经过一定实践运行检验，具有代表性的十大类型生态模式，并正式将这十大类型生态模式作为今后一个时期农业部的重点任务加以推广。

这十大典型模式和配套技术是：北方“四位一体”生态模式及配套技术；南方“猪—沼—果”生态模式及配套技术；平原农林牧复合生态模式及配套技术；草地生态恢复与持续利用生态模式及配套技术；生态种植模式及配套技术；生态畜牧业生产模式及配套技术；生态渔业模式及配套技术；丘陵山区小流域综合治理模式及配套技术；设施生态农业模式及配套技术；观光生态农业模式及配套技术。下面给大家介绍这十种典型生态农业模式。

（一）北方“四位一体”生态农业模式

1. 基本概念

该模式是一种庭院经济与生态农业相结合的新模式。它以生态学、经济学、系统工程学为原理，以土地资源为基础，以太阳能为动力，以沼气为纽带，种植业和养殖业相结合，通过生物质能转换技术，在农户土地上，在全封闭状态下，将沼气池、猪禽舍、蔬菜生产和日光温室等组合在一起，形成一个产气、积肥同步，种养并举，能源、物流良性循环的能源生态系统工程，所以称为“四位一体”模式。

2. 具体形式

在一个150m^2 塑膜日光温室的一侧，建一个8 ~ 10m^3 的地下沼气池，其上建一个约20m^2 的猪舍和一个厕所，形成一个封闭状态下的能源生态系统。主要的技术特点是：①圈舍的温度在冬天提高了3 ~ 5℃，为猪等禽畜提供了适宜的生产条件，使猪的生长期从10 ~ 12 个月下降至5 ~ 6 个月。由于饲养量的增加，又为沼气池提供了充足的原料；②猪舍下的沼气池由于得到了太阳热能而增温，解决了北方地区在寒冷冬季的产气技术难题；③猪呼出大量的二氧化碳，使日光温室内的二氧化碳浓度提高了4～5倍，大大改善了温室内蔬菜等农作物的生长条件，蔬菜产量可增加，质量也明显提高，成为一类绿色无污染的农产品。

3. 经济效益

这种模式能充分利用秸秆资源，化害为利，变废为宝，是解决环境污染的最佳方式，并兼有提供能源与肥料，改善生态环境等综合效益，具有广阔的发展前景，为促进高产高效的优质农业和无公害绿色食品生产开创了一条有效的途径。具体地说，可以实现：①蔬菜增产，如冬季黄瓜、茄子1m^2可增产2～5千克，增收5～6元，年节省化肥开支约200元；②温室育猪可提前150天出栏，降低成本40～50元；③沼气点灯年节电60元，节煤130元；④改变了北方地区半年种田半年闲的习俗，也改变了冬闲季节“男人打麻将，女人玩纸牌，邻里吵架和打骂”的陈陋风俗，促进了农村精神文明建设；⑤农村庭院面貌整齐、清洁、卫生，完全改变了“人无厕所猪无圈，房前屋后多粪便，烧火做饭满屋烟，杂草垃圾堆满院”的旧面貌。

4. 现有规模

“四位一体”模式在辽宁等北方地区已经推广到21万户。

（二）南方“猪—沼—果”生态农业模式

1. 基本概念

该模式是以沼气为纽带，带动畜牧业、林果业等相关农业产业共同发展的生态农业模式。

2. 主要形式

户建一口沼气池，人均年出栏2头猪，人均种好667平方米果。

3. 经济效益

①用沼液加饲料喂猪，猪可提前出栏，节省饲料 20%，大大降低了饲养成本，激发了农民养猪的积极性。②施用沼肥的脐橙等果树，要比未施肥的年生长量高 0.2 米，多长 5 ~10 个枝梢，植株抗寒、抗旱和抗病能力明显增强，生长的脐橙等水果的品质提高 1 ~2 个等级。③每个沼气池还可节约砍柴工 150 个。

4. 现有规模

在我国南方得到大规模推广，仅江西赣南地区就有 25 万户。

(三) 生态种植

1. 基本概念

生态种植模式是指依据生态学和生态经济学管理，利用当地现有资源，综合运用现代农业科学技术，在保护和改善生态环境的前提下，进行粮食、蔬菜等农作物高效生产的一种模式。

2. 主要模式

(1)“间套轮”种植模式：“间套轮”种植模式是指利用生物共存、互惠原理，在耕作制度上采用间作套种和轮作倒茬的模式。间作是指两种或两种以上生长季节相近的作物在同一块地里同时或同一季成行地间隔种植。套种是在前作物的生长后期，于其株行间播种或栽植后作物的种植方式。合理安排间作套种可以提高产量，充分利用空间和地力，还可以调剂用工、用水和用肥等矛盾，增强抗击自然灾害的能力。轮作倒茬是指在两种或两种以上生长季节不同的作物在同一块地里轮番种植，即在前茬作物收获、倒茬后，连续或间歇栽植后茬作物种植方式。合理的轮作倒茬可以均衡利用土壤养分，改善土壤理化性状，调节土壤肥力，且可以防治病虫害，减轻杂草危害，从而间接地减少肥料和农药等化学物质的投入，达到生态种植的目的。

（2）保护耕作模式：该模式是用秸秆残茬覆盖地表，通过减少耕作，防止破坏土壤结构，并配合一定量的除草剂、高效低毒农药控制杂草和病虫害的一种耕作栽培技术。保护性耕作因有根茬固土、秸秆覆盖和减少耕作等作用，故可以有效保持土壤结构、减少水分流失和提高土壤肥力从而达到增产目的。该技术是一项把大田生产和生态环境保护相结合的技术，俗称“免耕法”或“免耕覆盖技术”。

配套技术：中国农业大学“残茬覆盖减耕法”；陕西省农科院旱农所“旱地小麦高留茬少耕全程覆盖技术”；山西省农科院“旱地玉米免耕整秆半覆盖技术”；河北省农科院“一年两熟地区少免耕栽培技术”；山东淄博农机所“深松覆盖沟播技术”；重庆开县农业生态环境保护站“农作物秸秆返田返地覆盖栽培技术”；四川苍溪县的水旱免耕连作；重庆农业环境保护监测站的稻田垄作免耕综合利用技术等。

（3）旱作节水农业生产模式：旱作节水农业是指利用有限的降水资源，通过工程、生物、农艺、化学和管理等，将生产和生态环境保护相结合的一种农业生产技术。该技术模式可以消除或缓解水资源严重匮乏地区的生态环境压力、提高经济效益。

配套技术：抗旱节水作物品种的引种和培育；关键期有限灌溉、抑制蒸腾、调节播栽期避旱、适度干旱处理后的反冲机制利用等农艺节水技术；微集水沟垄种植、保护性耕作、耕作保墒、薄膜和秸秆覆盖、经济林果集水种植等；抗旱剂、保水剂、抑制蒸发剂、作物生长调节剂的研制和应用；节水灌溉技术、集雨补灌技术、节水灌溉农机具的生产和利用等。

（4）无公害农产品生产模式：该模式是在玉米、水稻、小麦等粮食作物主产区推广优质农作物清洁生产和无公害生产的专用技术，集成无公害优质农作物的技术模式与体系，以及在蔬菜主产区进行无公害蔬菜的清洁生产及规模化、产业化经营的技术模式配套技术：平衡施肥技术；新型肥料的施用；控制病虫草害的生物防治技术；农药污染控制技术；新型农药的应用等。

（四）生态畜牧业生产模式及配套技术

基本概念

该模式是利用生态学、生态经济学原理，结合系统工程和清洁生产的理论和方法进行畜牧业生产的过程，其目的在于达到保护环境、资源永续利用的同时生产优质的畜产品。

（1）复合型生态养殖场生产模式：该模式主要特点是以畜禽动物养殖为主，辅以相应规模的饲料粮（草）生产基地和畜禽粪便消纳土地，通过清洁生产技术生产优质畜产品。

技术组成：①无公害饲料基地建设。根据饲料粮（草）品种选择土壤基地的建立，根据土壤培肥技术、有机肥制备和施用技术、平衡施肥技术和高效低残留农药施用等技术配套，实现饲料原料清洁生产目的；②饲料及饲料清洁生技术。根据动物营养学原理，应用先进的饲料配方技术和饲料制备技术，根据不同畜禽种类、长势进行饲料搭配，生产全价配合饲料和精料混合料。作物残体（纤维性废弃物）因营养价值低或可消化性差，不能直接用作饲料。但如果将它们进行适当处理，即可大大提高其营养价值和可消化性。目前，秸秆处理方法有机械（压块）、化学（氨化）、生物（青贮）等处理技术。国内应用最广的是青贮和氨化；③养殖及生态环境建设。畜禽养殖过程中利用先进的养殖技术和生态环境建设，达到畜禽生产的优质、无污染，通过禽畜舍干清粪技术和疫病控制技术，使畜禽在优良的生长环境中无病或少病发生；④固液分离技术和干清粪技术。对于用水冲洗的规模化畜禽养殖场院，其粪尿采用水冲方法排放，既污染环境又浪费水资源，也不利于养分资源利用。采用固液分离设备进行固液分离，固体部分进行高温堆肥，液体部分进行沼气发酵。同时为了减少用水量，尽可能采用干清粪技术；⑤污水资源化利用技术。采用先进的固液分离技术分离出液体部分在非种植季节进行处理后达标排放或者进行蓄水贮藏，在作物生长季节可以充分利用污水中的水肥资源进行农田灌溉；⑥有机肥和有机无机复混肥制备技术。采用先进的固液分离技术、固体部分利用高温堆肥技术生产优质有机肥和商品化有机无机复混肥；⑦沼气发酵技术。利用畜禽粪便进行沼气和沼肥生产，合理地循环利用物质和能量，解决燃料、肥料、饲料矛盾，改善和保护生态环境，促进农业全面、持续、良性发展，促进农民增产增收。

（2）规模化生态养殖场生产模式：该模式主要特点是以大规模畜禽动物养殖为主，但缺乏规模的饲料粮（草）生产基地和畜禽粪便消纳设施及场所，因此需要通过一系列生产技术措施和环境工程技术进行环境治理最终生产优质畜产品。

技术组成：①饲料及饲料清洁生产技术；②养殖及生态环境建设；③固液分离技术；④污水处理与综合利用技术；⑤畜禽粪便无害化高温堆肥技术；⑥沼气发酵技术。

（3）生态养殖场产业化开发模式：生态养殖产业化经营是现代畜牧业发展的必然趋势，是生态养殖场生产的一种科学组织与规模化经营的重要形式。商品化和产业化生态养殖场生产主要包括饲料饲草的生产与加工、优良畜禽新品种的选育与繁育、畜禽的健康养殖与管理、畜禽的环境控制与改善、畜禽粪便无害化与资源化利用、畜禽疫病的防治、畜禽产品加工、畜禽产品营销和流通等环节。科学合理地确定各生产要素连接方式和利益分配，从而发挥畜禽产业化、各生产要素专业化和社会化的优势，实现生态畜牧业的产业化经营。

（五）生态渔业模式及配套技术

1. 基本概念

该模式是遵循生态学原理，采用现代生物技术和工程技术，按生态规律进行生产，保持和改善生产区域的生态平衡，保证水体不受污染，保持各种水生生物种群的动态平衡和食物链网结构合理的一种模式。

2. 主要形式及配套技术

池塘混养是将同类不同种或异类异种生物在人工池塘中进行多品种综合养殖的方式。其原理是利用生物之间具有互相依存、竞争的规则，根据养殖生物食性垂直分布不同，合理搭配养品种与数量，合理利用水域、饲料资源，使养殖生物在同一水域中协调生存，确保生物的多样性。

（1）与鱼池塘混养模式及配套技术：

①常规鱼类多品种混养模式。常规鱼类指草鱼、鲢鱼、鳙鱼、青鱼、鲤鱼、罗非鱼等。主要利用草鱼为草食性、鲢（鳙）鱼为滤食性、青鱼与鲤鱼为吃食性、罗非鱼为杂食性的食性不同和草鱼、鲢、鳙在上层，鲤鱼中层，青鱼、罗非鱼中下层的垂直分布不同，合理搭配品种进行养殖。本模式适宜池塘、网箱养殖，由于所养殖的鱼类是大宗品种，因此，经济效益相对较低。②常规鱼与名特优水产品种综合养殖模式。该模式一般以名特优水产品种为主，以常规品种为辅，采用营养全、效价高的人工配合饲料进行养殖。技术含量高，经济效益好。核心技术，斑点叉尾鮰池塘混养技术，加州鲈、条纹鲈池塘混养技术，美国红鱼池塘混养技术，鳜鱼池塘混养技术，胭脂鱼池塘混养技术，蓝鲨池塘混养技术。

（2）鱼与渔池塘混养模式及配套技术：

①鱼与鳖混养技术。如罗非鱼与鳖混养模式主要利用罗非鱼

和鳖生长温度、食性相似、底栖等的生物学特点，将两者进行混养的模式。在这一养殖模式中利用罗非鱼“清道夫”功能，主养鳖。其特点比单一养殖鳖经济效益高。②鱼与虾混养技术。主要有淡水鱼虾、海水鱼虾混养两种类型。淡水鱼虾混养多为常规或名特优淡水鱼类与青虾、罗氏沼虾混合养殖和海水鱼类与对虾混养殖模式。淡水混养中的“鱼青混养”，一般以鱼类为主，青虾为辅；“鱼罗混养”，则以罗氏沼虾为主。在海水鱼类与对虾混养中以虾类为主。特别是中国对虾与河鲀、鲈鱼混养值得一提，在养殖过程中以中国对虾为主，同时放入少量的肉食性鱼类(河鲀或鲈鱼)，河鲀、鲈鱼摄食体质较弱、行动缓慢的病虾，避免了带病毒对虾死亡后释放病原体于水中的可能，从而阻断了病毒的传播途径。③鱼与贝混养技术。一般包括淡水鱼类与三角帆蚌、海水鱼类与贝类（缢蛏、泥蚶）混养模式。在三角帆蚌育珠中，配以少量的上层鱼类如鲢鱼、鳙鱼和底栖鱼类罗非鱼，可以清洁水域环境，减少杂物附着，提高各层养殖质量；在缢蛏、泥蚶等贝类养殖池塘中放入少量的鲈鱼、大黄鱼进行混养，由于鲈鱼、大黄鱼的残饵与排泄物可以起到肥水作用，促进浮游生物的生长，同时摄食体质较弱的贝肉。肥水增加的浮游生物又被滤食性的贝类所利用，从而达到生态平衡。④鱼与蟹混养技术。通常指梭子蟹与鲈鱼、鲷鱼或对虾混养。梭子蟹为底栖生物，以动物饵料为食，适合在透明度为30厘米的水中生长，鲈、鲷的残饵与排泄物可以起到肥水促进浮游生物生长的作用，为梭子蟹生长提供适宜的环境。应注意的是鲈、鲷为凶猛的肉食性鱼类，为避免捕食蜕（换）壳蟹，散养时应投喂足够的饵料或采用小网箱套养。

（六）观光生态农业模式及配套技术

1. 基本概念

该模式是指以生态农业为基础，强化农业的观光、休闲、教育和自然等多功能特征，形成具有第三产业特征的一种农业生产经营形式。

2. 主要模式

包括高科技生态农业园、精品型生态农业公园、生态观光村和生态农庄等4种。

（1）高科技生态农业观光园。主要以设施农业（连栋温室）、组配车间、工厂化育苗、无土栽培、转基因品种繁育、航天育种、克隆动物育种等农业高新技术产业或技术示范为基础，并通过生态模式加以合理联结，再配以独具观光价值的珍稀农作物、养殖动物、花卉、果品以及农业科普教育（如农业专家系统、多媒体演示）和产品销售等多种形式，形成以高科技为主要特点的生态农业观光园。

技术组成：设施环境控制技术、保护地生产技术、营养液配制与施用技术、转基因技术、组培技术、克隆技术、信息技术。有机肥施用技术、保护地病虫害综合防治技术、节水技术等。

典型案例：北京的锦绣大地农业科技园、中以示范农场、朝来农艺园和上海孙桥现代农业科技园。

（2）精品型生态农业公园。通过生态关系将农业的不同产业、不同生产模式、不同生产品种或技术组合在一起，建立具有观光功能的精品型生态农业公园。一般包括粮食、蔬菜、花卉、水果、瓜类和特种经济动物养殖精品生产展示、传统与现代农业工具展示、利用植物塑造多种动物造型、利用草坪和鱼塘以及盆花塑造各种观赏图案与造型，形成综合观光生态农业园区。

技术组成：景观设计、园林设计、生态设计技术，园艺作物和农作物栽培技术，草坪建植与管理技术等。

典型案例：广东的绿色大世界农业公园。

（3）生态观光村。专指已经产生明显社会影响的生态村，它不仅具有一般生态村的特点和功能（如村庄经过统一规划建设、绿化美化环境卫生清洁管理，村民普遍采用沼气、太阳能或秸秆氨化，农户庭院进行生态经济建设与开发，村外种养加生产按生态农业产业化进行经营管理等），而且由于具有广泛的社会影响，已经具有较高的参观访问价值，具有较为稳定的客流，可以作为观光产业进行统一经营管理。

技术组成：村镇规划技术、景观与园林规划设计技术、污水处理技术、沼气技术、环境卫生监控技术、绿化美化技术、垃圾处理技术、庭院生态经济技术等。

典型案例：北京大兴区的留民营村、浙江省藤头村。

（4）生态农庄。一般由企业利用特有的自然和特色农业优势，经过科学规划和建设，形成具有生产、观光、休闲度假、娱乐乃至承办会议等综合功能的经营性生态农庄，这些农庄往往具备赏花、垂钓、采摘、餐饮、健身、狩猎、宠物乐园等设施与活动。

技术组成：自然生态保护技术、自然景观保护与持续利用规划设计技术、农业景观设计技术、人工设施生态维护技术、生物防治技术、水土保持技术、生物篱笆建植技术等。

典型案例：北京郊区的安利隆生态旅游山区、蟹岛度假村。

（七）平原农林牧复合生态模式及配套技术

1. 基本概念

农林牧复合生态模式是指借助接口技术或资源利用在时空上的互补性所形成的两个或两个以上产业或组分的复合生产模式（所谓接口技术是指联结不同产业或不同组分之间物质循环与能

量转换的连接技术，如种植业为养殖业提供饲料饲草，养殖业为种植业提供有机肥，其中利用秸秆转化饲料技术、利用粪便发酵和有机肥生产技术均属接口技术，是平原农牧业持续发展的关键技术）。平原农区是我国粮、棉、油等大宗农产品和畜产品乃至蔬菜、林果产品的主要产区，进一步挖掘农林、农牧、林牧不同产业之间的相互促进、协调发展的能力，对于我国的食物安全和农业自身的生态环境保护具有重要意义。

2. 具体形式

（1）“粮饲—猪—沼—肥”生态模式及配套技术。具体包括：一是种植业由传统的粮食生产一元结构或粮食、经济作物生产二元结构向粮食作物、经济作物、饲料饲草作物三元结构发展，饲料饲草作物正式分化为一个独立的产业，为农区饲料业和养殖业奠定物质基础；二是进行秸秆青贮、氨化和干堆发酵，开发秸秆饲料用于养殖业，主要是养牛业；三是利用规模化养殖场畜禽粪便生产有机肥，用于种植业生产；四是利用畜禽粪便进行沼气发酵，同时生产沼渣沼液，开发优质有机肥，用于作物生产。主要有粮—猪—沼—肥、草地养鸡、种草养鹅等模式。

主要技术：包括秸秆养畜过腹还田、饲料饲草生产技术、秸秆青贮和氨化技术、有机肥生产技术、沼气发酵技术以及种养结构优化配置技术等。

配套技术：包括作物栽培技术、节水技术、平衡施肥技术等。

（2）“林果—粮经”立体生态模式及配套技术。该模式在国际上统称农林业或农林复合系统，主要利用作物和林果之间在时空上利用资源的差异和互补关系，在林果株行距中间开阔地带种植粮食、经济作物、蔬菜、药材乃至瓜类，形成不同类型的农林复合种植模式，也是立体种植的主要生产形式，一般能够获得比单一种植更高的综合效益。

推广地区：河南兰考的桐（树）粮（食）间作、河北与山东平原地区的枣粮间作、北京十三陵地区的柿粮间作等。

具体形式：有立体种植、间作技术等。

配套技术：包括合理密植栽培技术、节水技术、平衡施肥技术、病虫害综合防治技术等。我国“农田林网”生态模式与配套技术也可以归结为农林复合这一类模式中。主要指为确保平原区种植业的稳定生产，减少农业气象灾害，改善农田生态环境条件，通过标准化统一规划设计，利用路、渠、沟、河进行网格化农田林网建设以及部分林带或片林建设，一般以速生杨树为主，辅以柳树、银杏等树种，并通过间伐保证合理密度和林木覆盖率，这样便逐步形成了与农田生态系统相配套的林网体系。主要技术包括树木栽培技术、网格布设技术。配套技术包括病虫害防治技术、间伐技术等。

典型地区：黄淮海地区的农田林网。

(3)“林果—畜禽”复合生态模式及配套技术。该模式是在林地或果园内放养各种经济动物，以野生取食为主，辅以必要的人工饲养，生产较集约化养殖更为优质、安全的多种畜禽产品，接近有机食品。主要有“林—鱼—鸭”、“胶林养牛（鸡)”、“山林养鸡”、“果园养鸡（兔)”等典型模式。

主要技术：包括林果种植和动物养殖以及种养搭配比例等。

配套技术：包括饲料配方技术、疫病防治技术、草生栽培技术和地力培肥技术等。

典型地区：湖北的林—鱼—鸭模式、海南的胶林养鸡和养牛。

（八）草地生态恢复与持续利用模式及配套技术

1. 基本概念

草地生态恢复与持续利用模式是遵循植被分布的自然规律，按照草地生态系统物质循环和能量流动的基本原理，运用现代草地管理、保护和利用技术，在牧区实施减牧还草，在农牧交错带实施退耕还草，在南方草山草坡区实施种草养畜，在潜在沙漠化地区实施以草为主的综合治理，以恢复草地植被，提高草地生产力，遏制沙漠东进，改善生存、生活、生态和生产环境，增加农牧民收入，使草地畜牧业得到可持续发展。

2. 主要形式

（1）牧区减牧还草模式。针对我国牧区草原退化、沙化严重，草畜矛盾尖锐，直接威胁着牧区和东部广大农区的生态和生产安全的现状。通过减牧还草，恢复草原植被，使草原生态系统重新进入良性循环，实现牧区的草畜平衡和草地畜牧业的可持续发展，使草原真正成为保护我国东部生态环境，防止沙化的有力屏障。

配套技术：①饲草料基地建设技术，水源充足的地区建立优质高产饲料基地，无水源条件的地区选择条件便利的旱地建立饲料基地，满足家畜对草料的需求，减轻家畜对天然草地的放牧压力，为家畜越冬贮备草料；②草地围封补播植被恢复技术，草地围封后禁牧2~3年或更长时间，使草地植被自然恢复，或补播抗寒、抗旱、竞争性强的牧草，加速植被的恢复；③半舍饲、舍饲养技术，牧草禁牧期、休牧期进行草料的贮备与搭配，满足家畜生长和生产对养分的需求；④季节畜牧业生产技术，引进国内外优良品种对当地饲养的家畜进行改良，生长季划区轮牧和快速肥育结合，改善生产和生长性能；⑤再生能源利用技术，应用小型风力发电机，太阳能装置和暖棚，满足牧民生活、生产用能，减缓冬季家畜掉膘，减少对草原薪柴的砍伐，提高牧民的生活质量。

（2）农牧交错带退耕还草模式：在农牧交错带有计划地退耕还草，发展草食家畜，增加畜牧的比例，实现农牧耦合，恢复生态环境，遏制土地沙漠化，增加农民的收入。

配套技术：①草田轮作技术，牧草地和作物田以一定比例播种种植，2～3 年后倒茬轮作，改善土壤肥力，增加作物产量和牧草产量；②家畜异地肥育技术，购买牧区的架子羊、架子牛，利用农牧交错带饲料资源和秸秆的优势，进行集中肥育，进入市场；③优质高产人工草地的建植利用技术，选择优质高产牧草建立人工草地用于牧草生产或肥育幼畜放牧，解决异地肥育家畜对草料的需求；④再生能源利用技术，在风能、太阳能利用的基础上增加沼气的利用。

（3）南方山区种草养畜模式：我国南方广大山区 1 000米海拔以上地区，水热条件好，适于建植人工草地，饲养牛羊，具有发展新西兰型高效草地畜牧业的潜力。利用现代草建植技术建立“白三叶＋多年生黑麦草”人工草地，选择适宜的载畜量，对草地进行合理的放牧利用，使草地得以持续利用，草地畜牧业的效益大幅度提高。

配套技术：①人工草地划区轮牧技术，白三叶＋多年生黑麦草人工草地在载畜量偏高或偏低的情况下均出现草地退化，优良牧草逐渐消失，适宜载畜量并实施划区轮牧计划可保持优良牧草比例的稳定，使草地得以持续利用；②草地植被改良技术，南方草山原生植被营养价值不适于家畜利用，首先采取对天然草地植被重牧，之后施入磷肥，对草地进行轻耙，将所选牧草种子播种于草地中，可明显提高播种牧草的出苗率和成活率；③家畜宿营法放牧技术，将家畜夜间留宿在放牧围栏内，以控制杂草、控制虫害、调控草地的养分循环，维持优良牧草比例；④家畜品种引进和改良技术，通过引进优良家畜品种典型案例对当地家畜进行改良，利用杂种优势提高农畜的生产性能，提高草畜牧业生产效率。

（4）沙漠化土地综合防治模式：干旱、半干旱地区因开垦和过度放牧使沙漠化土地面积不断增加，以每年2 000平方千米速率发展，严重威胁着当地人民的生活和生产安全。根据荒漠化土地退化的阶段性和特征，综合运用生物、工程和农艺技术措施，遏制土地荒漠化，改善土壤理化性质，恢复土壤肥力和草地植被。

配套技术：①少耕免耕覆盖技术。潜在沙漠化地区的农耕地实施高留茬少耕、免耕或改秋耕为春耕，或增加种植冬季形成覆盖的越冬性作物或牧草，降低冬季对土壤的风蚀；②乔灌围网，牧草填格技术。土地沙漠化农耕或草原地区采取乔木或灌木围成林（灌）网，在网格中种植多年生牧草，增加地面覆盖。特别干旱的地区采取与主风向垂直的灌草隔带种植；③禁牧休耕、休牧措施。具潜在沙漠化的草原或耕地采取围封禁牧休耕，或每年休牧3～4个月，恢复天然植被；④再生能源利用技术。风能、太阳能和沼气利用。

（5）牧草产业化开发模式：在农区及农牧交错区发展以草产品为主的牧草产业，种植优良牧草实现草田轮作，增加土壤肥力，开发中低产田，减少化肥造成的环境污染，同时有利于奶业和肉牛、肉羊业的发展。运用优良牧草品种、高栽培技术、优质草产品收获加工技术，以企业为龙头带动农民进行牧草的产业化生产。

配套技术：①高蛋白牧草种植管理技术，以苜蓿为主的高蛋白牧草的水肥平衡管理，病虫杂草的防除；②优质草产品的收获加工技术，采用先进的切割压扁、红外监测适时打捆、烘干等手段，减少牧草蛋白的损失，生产优质牧草产品；③产业化经营，以企业为龙头，实行“基地＋农户”的规模化、机械化、商品化生产。

（九）丘陵山区小流域综合治理利用型生态农业模式及配套技术

我国丘陵山区约占国土面积的70%，这类区域的共同特点是地貌变化大、生态系统类型复杂、自然物产种类丰富，其生态资源优势使得这类区域特别适于发展农林、农牧或林牧综合性特色生态农业。

主要形式

（1）“围山转”生态农业模式与配套技术：依据山体高度不同因地制宜布置等高环形种植带，农民形象地总结为“山上松槐戴帽，山坡果林缠腰，山下瓜果梨桃”。这种模式合理地把退耕还林还草、水土流失治理与坡地利用结合起来，恢复和建设了山区生态环境，发展了当地农村经济。等高环形种植带作物种类的选择因纬度和海拔高度而异，关键是作物必须适应当地条件，并且具有较好的水土保持能力。例如，在半干旱区，选择耐旱力强的沙棘、柠条、仁用杏等经济作物建立水土保持作物条带等。另外，要注意在环形条带间穿播布置不同收获期的作物类型，以便使坡地终年保存可阻拦水土流失的覆盖作物等高条带。建设坚固的地埂和地埂植物篱，也是强化水土保持的常用措施。云南哈尼族梯田历数千年不衰也证实了生态型梯地利用的可持续性。

配套技术：等高种植带园田建设技术；适应性作物类型选择技术，地埂和植物篱建设工程技术；多种作物类型选择配套和种植、加工技术等。

（2）生态经济沟模式与配套技术：该模式是在小流域综合治理中通过荒地拍卖、承包形式建立起来的一类治理与利用结合的综合型生态农业模式。小流域既有山坡也有沟壑，水土流失和植被破坏是突出的生态问题。按生态农业原理，实行流域整体综合规划，从水土治理工程措施入手，突出植被恢复建设，依据沟、坡的不同特性，发展多元化复合型农业经济，在平缓的沟地建设基本农田，发展大田和园林种植业，在山坡地实施水土保持的植被恢复措施，因地制宜地发展水土保持林、用材林、牧草饲料和经济林果种植（等高种植），综合发展林果、养殖、山区土特产和副业（如编织）等多元经济。目前主要是通过两种途径来发展该模式，一是依靠政府综合规划和技术服务的帮助，带动多个农户业主共同建设；另一个是单一或几家业主联合承包来建设，后一途径的条件是业主必须具有一定的基建投资能力和综合发展多元经济的管理、技术能力。

配套技术：水土流失综合治理规划技术；水土流失治理工程技术；等高种植和梯田建设技术；地埂植物篱技术；保护性耕作技术；适应植物选择和种植技术；土特产种养和加工技术；多元经济经营管理技术等。

（3）西北地区“牧—沼—粮—草—果”五配套模式与配套技术：该模式主要适应西北高原丘陵农牧结合地带，以丰富的太阳能为基本能源，以沼气工程为纽带，以农带牧、以牧促沼、以沼促粮、草、果种植业，形成生态系统和产业链合理循环的体系。

配套技术：阳光圈舍技术；沼气工程技术；沼渣、沼液利用技术；水窖贮水和节水技术；粮草果菜种植技术；畜禽养殖技术；农畜产品简易加工技术等。

（4）生态果园模式及配套技术：生态果园模式也适应于平原果区，但在丘陵山地区应用最广泛。该模式基本构成包括：标准果园（不同种类的果类作物）、果林间种牧草或其他豆科作物，林内有的结合放养林蛙，果园内有的建猪圈、鸡舍和沼气池，有的还在果树下放养土鸡以帮助除虫。生态果园比传统果园的生态系统构成单元多，系统稳定性强、产出率高，病虫害少和劳动力利用率高。

配套技术：生物防治技术；生物间协作互利原理应用技术；果、草（豆科作物）种植技术；草地鸡放养技术；沼气工程和沼气（渣、液）合理利用技术等。

（十）设施生态农业模式及配套技术

1. 基本概念

设施生态农业及配套技术是在设施工程的基础上通过以有机肥料全部或部分替代化学肥料（无机营养液）、以生物防治和物理防治措施为主要手段进行病虫害防治、以动、植物的共生互补良性循环等技术构成的新型高效生态农业模式。

2. 典型模式与技术

（1）设施清洁栽培模式及配套技术。

①设施生态型土壤栽培。通过采用有机肥料（固态肥、腐熟肥、沼液等）全部或部分替代化学肥料，同时采用膜下滴灌技术，使作物整个生长过程中化学肥料和水资源能得到有效控制，实现土壤生态的可恢复性生产；②有机生态型无土栽培。通过采用有机固态肥（有机营养液）全部或部分替代化学肥料，采用作物秸秆、玉米芯、花生壳、废菇渣以及炉渣、粗砂等作为无土栽培基质取代草炭、蛭石、珍珠岩和岩棉等，同时采用滴灌技术，实现农产品的无害化生产和资源的可持续利用；③生态环保型设施病虫害综合防治模式。通过以天敌昆虫为基础的生物防治手段以及一批新型低毒、无毒农药的开发应用，减少农药的残留；通过环境调节、防虫网、银灰膜避虫和黄板诱虫、等离子体技术等物理手段的应用，减少农药用量，使蔬菜品种品质明显提高。

技术组成：①设施生态型土壤栽培技术，主要包括有机肥料生产加工技术，设施环境下有机肥料施用技术，膜下滴灌技术，栽培管理技术等；②有机生态型无土栽培技术，主要包括有机固态肥（有机营养液）的生产加工技术，有机无土栽培基质的配制与消毒技术，滴灌技术，有机营养液的配制与综合控制技术，栽培管理技术等；③以昆虫天敌为基础的生物防治技术；④以物理防治为基础的生态防病、土壤及环境物理灭菌，叶面微生态调控防病等生态控病技术体系等。

（2）设施种养抓结合生态模式及配套技术。通过温室工程将蔬菜种植、畜禽（鱼）养殖有机地组合在一起而形成的质能互补、良性循环型生态系统。

推广地区：这类温室已在中国辽宁、黑龙江、山东、河北和宁夏等省、自治区得到较大面积的推广。

主要形式：①温室“畜—菜”共生互补生态农业模式，主要利用畜禽呼吸释放出的二氧化碳。供给蔬菜作为气体肥料，畜禽粪便经过处理后作为蔬菜栽培的有机肥料来源，同时蔬菜在同化过程中产生的氧气等有益气体供给畜禽来改善养殖生态环境，实现共生互补；②温室“鱼—菜”共生互补生态农业模式，利用鱼的营养水体作为蔬菜的部分肥源，同时利用蔬菜的根系净化功能为鱼池水体进行清洁净化。

技术组成：①温室“畜—菜”共生互补生态农业模式主要包括“畜—菜”共生温室的结构设计与配套技术，畜禽饲养管理技术，蔬菜栽培技术，“畜—菜”共生互补合理搭配的工程配套技术，温室内氨气、硫化氢等有害气体的调节控制技术；②温室“鱼菜”共生互补生态农业模式主要包括“鱼—菜”共生温室的结构与配套技术，温室水产养殖管理技术，蔬菜栽培技术，“鱼—菜”共生互补合理搭配的工程配套技术，水体净化技术。

（3）设施立体生态栽培模式及配套技术。

①温室“果—菜”立体生态栽培模式。利用温室果树的休

眠期、未挂果期地面空间的空闲阶段，选择适宜的蔬菜品种进行间作套种；②温室“菇—菜”立体生态培养模式，通过在温室过道、行间距空隙地带放置食用菌菌棒，进行“菇—菜”立体生态栽培，食用菌产生的二氧化碳可作为蔬菜的气体肥源，温室高温高湿环境又有利于食用菌生长；③温室“菜—菜”立体生态栽培模式。利用藤式蔬菜与叶菜类蔬菜空间上的差异，进行立体栽培，夏天还可利用藤式蔬菜为喜阴蔬菜遮阳，互为利用。

技术组成：①设施工程技术：包括温室的选型，结构设计，配套技术的应用，立体栽培设施的工程配套等；②脱毒抗病设施栽培品种的选用；③“果—菜”、“菇—菜”、“菜—菜”品种的选用与搭配；④立体栽培设施的水肥管理技术；⑤病虫害综防植保技术。

第六节　连锁经营模式

一、连锁经营的概述

连锁经营是一种商业组织形式和经营制度，是指经营同类商品或服务的若干个企业，以一定的形式组成一个联合体，在整体规划下进行专业化分工，并在分工基础上实施集中化管理，把独立的经营活动组合成整体的规模经营，从而实现规模效益。它是一种常用的商业经营模式。连锁经营包栝 3 种形式，直营连锁、特许经营和自由连锁。

直营连锁指总公司直接经营的连锁店，即由公司总部直接经营、投资、管理各个零售点的经营形态。总部采取纵深式的管理方式，直接下令掌管所有的零售点，零售点也必须完全接受总部指挥。直接连锁的主要任务在“渠道经营”，意思指透过经营渠道的拓展从消费者手中获取利润。因此直营连锁实际上是一种“管理产业”。这是大型垄断商业资本通过吞并、兼并或独资、控股等途径，发展壮大自身实力和规模的一种形式。

特许加盟 FC（Franchise Chain）即由拥有技术和管理经验的总部，指导传授加盟店各项经营的技术经验，并收取一定比例的权利金及指导费，此种契约关系即为特许加盟。特许加盟总部必须拥有一套完整有效的运作技术优势，从而转移指导，让加盟店能很快运作，同时从中获取利益，加盟网络才能日益壮大。因此，经营技术如何传承是特许经营的关键所在。

自由连锁经营是由不同资本的多数商店自发组织成总部，实行共同进货、配送的连锁经营形式。

二、连锁经营的特征

（1）连锁经营是一种授权人与被授权人之间的合同关系，也就是说，授权人与被授权人的关系依赖于双方合同而存在和维系的。

（2）连锁经营中授权人与被授权人之间不存在有形资产关系，而是相互独立的法律主体，由各自独立承担对外的法律责任。

（3）授权人对双方合同涉及的授权事项拥有所有权及（或）专用权，而被授权人通过合同获得使用权（或利用权）及基于该使用权的收益权。

（4）连锁经营中的授权是指包括知识产权在内的无形资产使用权（或利用），而非有形资产或其使用权。

（5）被授权人有根据双方合同向授权人交纳费用的义务。

（6）被授权人应维护授权人在合同中所要求的统一性。

三、连锁经营模式的优点

（1）授权人只以品牌、经营管理经验等投入，便可达到规模经营的目的，不仅能在短期内得到回报，而且使无形资产迅速提升。

（2）被授权人由于购买的是已获成功的运营系统，可以省去自创业不得不经历的一条“学习曲线”，包括选择盈利点、开拓市场等必要的摸索过程，降低了经营风险。

（3）被授权人可以拥有自己的公司，掌握自己的收支。被授权人的经营启动成本低于其他经营方式，因此可在较短的时间内收回投入并盈利。被授权人可以在选址、设计、员工培训、市场等方面得到经验丰富的授权人的帮助和支持，使其运营迅速走向良性循环。

（4）授权人与被授权人之间不是一种竞争关系，有利于共同扩大市场份额。

连锁经营模式的实质是企业运用无形资产进行资本运营，实现低风险资本扩张和规模经营的有效方法和途径。这也是连锁经营得以迅速发展的根本原因所在。

思考题

1. 如何办理个体工商户执照？
2. 简述农村经纪人的组织形式。

第六章　创业融资技巧

鼓励农民创业是解决“三农”问题和构建社会主义和谐社会的重大举措，在我国还没有完全走出金融危机影响、农民外出务工受到一定程度影响的大背景下，引导农民回归创业已成为扩大农民就业和提高农民收入的有效手段。就业是民生之本。近年来，各地政府积极实施扩大就业的发展战略，促进以创业带动就业。按照统筹城乡发展的要求，破除了许多体制障碍，营造了良好的政策环境，促进农民充分就业，鼓励农民积极创业，推动农民增收和社会主义新农村建设。

第一节　农业创业资金的估算和使用

创业是令人激动的，在这一历史机遇面前，农民朋友应发挥创业精神，实现创业梦想。但创业也是艰辛的，创业需要一定的知识和技能，多数农民创业者还面临着创业资金不足的难题。如何解决融资难题呢？

一、创业资金的估算

创业者决定实施农业项目后，就要认真测算实施项目的启动资金。启动资金究竟需要多少，创业者一般先要做一个估算，但估算只是一个大概的数据，无法确保创业计划的正常进行。因此，在创业项目实施前，要对创业资金进行一次准确的预测，只有这样才能心中有数，保证创业活动的顺利开展。

（一）资产费用的估算

农民创业者应根据创业项目的产品或服务对象、建设规模、工艺水平、技术要求、营销策略、主要销售方式和营销渠道等，对项目投入可能需要的资产费用进行估算。资产费用估算，一般包括拆迁征地补偿、土建工程、设备购置、安装费用及其他配套工程或附属工程费用，生产前的技术、管理人员培训，各种资本支出和流动资产投入，项目在运营期内的各种运营费用、维护费用的预测等。

估算时如果低估了资金需求，在开始有收益前，可能就已经用光了运营资金；如果高估了资金需求，又可能无法筹集到足够的资金而影响项目的启动，即使筹集资金到位，也会增加利息支出，提高了创业的生产经营成本。因此，创业者在估算创业资金时，一定要控制在合理的范围内，不能只为利益所诱惑，而不计成本地投入。只有这样，农民创业才能由小到大、由弱变强，健康成长。

(二) 周转资金的估算

周转资金也称为流动资金，是创业项目在运转过程中所需要支付的资金。创业项目一般要在运转一段时间后才能有收入，所以运行一个项目，要准备能支付三四个月的经营周转资金，包括人员工资、差旅费、办公费、材料费、广告费、维修费、水电气费、清洁环保费、税费以及分期偿还的借款等。如果是创办农产品加工厂，除了以上的一些费用外，还要对占压在半成品、产成品、原材料等上面的资金进行估算。还要预留一定的突发事件处置资金，以解决企业在生产经营中发生的不可预见问题。

(三) 风险资金的估算

在激烈的市场竞争中，创业者某一方面或某个环节在运行中出现问题都有可能使风险转变为损失，导致企业陷入困境甚至破产。企业财务风险主要来源于筹资风险、投资风险、现金流量风险、外汇风险等。主要影响因素是：资金利润率不高、债权不安全两个方面。农业创业项目还有可能面临自然资源风险、自然灾害风险、技术风险、市场风险等带来的风险损失。因此，在估算创业资金时，要对创业资金的使用做好统筹安排，充分考虑将要遇到的困难，预留风险资金，做到有备无患，有的放矢。

二、创业资金的使用要求

创业资金合理利用的基本要求是：合理有效地使用资金，保证资金的使用效果，做到资金占用少，回收快，效益高。由于资金的占用形态和流转特征不同，创业资金合理运用的具体要求也有所不同。

三、固定资产的合理利用

（1）提高固定资产的利用程度，尽量充分发挥固定资产在生产经营活动中的应用，减少固定资产的闲置和浪费。

（2）加强固定资产的保管和维护，使固定资产处于良好的技术状态，能够有效地完成各项生产作业。

（3）正确核算固定资产折旧，实现企业资产的更新重置。

（4）尽可能购置通用性设备，以提高固定资产的利用效率，完成多项作业内容。

四、流动资产的合理利用

根据流动资产的周转特性，合理使用流动资产的总要求是加快流动资产的周转速度。具体措施如下。

（1）加强采购物资的计划性，合理储备生产使用的各类物资，避免积压资金。

（2）对库存物资和产品应定期检查，防止鼠害和霉烂变质，造成损失。

（3）采用科学的方法组织生产经营活动，尽可能节约活劳动和物化劳动，减少生产过程中的资金占用量。

（4）及时销售产品，缩短产品的滞留时间，加快资金回收。

五、主要用途

创业资金的主要用途，根据创业项目的种类和性质而略有不同，一般包括以下用途：市场调研、项目论证、土地费用、结构材料（钢管、混凝土、竹木等）、设备购置（生产、加工、植保、收割机械，农机具，交通工具等）、附属材料（遮阳网、塑料薄膜、灌排设施等），养殖场、加工厂房和观光场地建设费用，以及畜禽、饲料、药品、种子、化肥、农药、种苗、人工、水电费用等。如果创业项目是现代农产品加工业项目，还应包括原材料采购费用；如果是休闲农业观光项目，应包括餐饮娱乐设施建设费用、停车场建设费用等。创业者应根据创业项目建设的实际需要与可能，精打细算，节约开支，以较少的钱办好创业的事。

第二节 农业创业融资方式

按照资金来源的不同，农民创业企业的融资可以分为内源融资和外源融资。

一、内源融资

也叫内部融资，是指企业通过自身经营活动获取资金，并将其用来满足经营、投资等需要的方式。资金来源主要由企业的留存收益和折旧基金等构成，也包括向企业主、股东、合伙人或内部职工等与企业有利益关系的人员借款而获得。内源融资是企业不断将自己的储蓄转化为投资的过程。

（一）内源融资的优点

（1）融资成本较低。公司外源融资，无论采用股票、债券还是其他方式都需要支付大量的费用，比如券商费用、会计师费用、律师费用等。而利用未分配利润则先需支付这些费用。因此，在融资费用相对较高的今天，利用未分配利润融资对公司非常有益。

不会稀释原有股东的每股收益和控制权。未分配利润融资增加的权益资本不会稀释原有股东的每股收益和控制权，同时还可以增加公司的净资产，支持公司扩大其他方式的融资。

(2) 使股东获得税收上的好处。如果公司将税后利润全部分配给股东，则需要缴纳个人所得税；相反，少发股利可能引发公司股价上涨，股东可出售部分股票来代替其股利收入，而所缴纳的资本利得税一般远远低于个人所得税。

(3) 自主性。内源融资来源于自有资金，上市公司在使用时具有很大的自主性，只要股东大会或董事会批准即可，基本不受外界的制约和影响。

(二) 内源融资的缺点

(1) 内源融资受公司盈利能力及积累的影响，融资规模受到较大的制约，不可能进行大规模的融资。

(2) 分配股利的比例会受到某些股东的限制，他们可能从自身利益考虑，要求股利支付比率维持在一定水平上。

(3) 股利支付过少不利于吸引股利偏好型的机构投资者，降低公司投资的吸引力。

(4) 股利过少，可能影响到今后的外源融资。股利支付很少，可能说明公司盈利能力较差，公司现金较为紧张，不符合一些外源融资的条件。

内源融资匮乏是我国企业普遍存在的问题，在农民创业初期贷款难是难免的，如果重视内源融资，进行有计划的自我积累，就可以在资金供给上掌握主动权。

(三) 外源融资

也叫外部融资，是指企业通过一定方式向企业之外的其他经济主体筹集资金。外源融资方式包括银行贷款、发行股票、发行企业债券等。此外，企业之间的商业信用、融资租赁在一定意义上也属于外源融资的范围。总体来说，外源融资的方式主要包括直接融资和间接融资两种。

1. 直接融资

直接融资，是指融资双方在金融市场上借助于各种融资工具的发行及交易实现的融资活动。由于融资工具直接将最终的投资人和最终的筹资人联系在一起，因而称为直接融资。

（1）直接融资优点。

直接融资有以下优点：一是资金供求双方联系紧密，有利于资金快速合理配置和使用效益的提高；二是筹资的成本较低而投资收益较大。

（2）直接融资的缺点。

直接融资有以下缺点：一是直接融资双方在资金数量、期限、利率等方面受到的限制多；二是直接融资使用的金融工具其流通性较间接融资的要弱，兑现能力较低；三是直接融资的风险较大。

2. 间接融资

间接融资，是指拥有暂时闲置货币资金的单位通过存款的形式，或者购买银行、信托、保险等金融机构发行的有价证券，将暂时闲置的资金先行提供给这些金融中介机构，然后再由这些金融机构以贷款、贴现等形式，或通过购买需要资金的单位发行的有价证券，把资金提供给这些单位使用，从而实现资金融通的过程。

（1）间接融资的优点。

间接融资有以下优点：一是银行等金融机构网点多，吸收存款的起点低，能够广泛筹集社会各方面闲散资金，积少成多，形成巨额资金；二是在直接融资中，融资的风险由债权人独自承担。而在间接融资中，由于金融机构的资产、负债是多样化的，融资风险便可由多样化的资产和负债结构分散承担，从而安全较高；三是降低融资成本。因为金融机构的出现是专业化分工协作的结果，它具有了解和掌握借款者有关信息的专长，而不需要每个资金盈余者自己去搜集资金赤字者的有关信息，因而降低了整个社会的融资成本。

（2）间接融资的局限性。

由于资金供给者与需求者之间加入金融机构为中介，隔断了资金供求双方的直接联系，在一定程度上减少了投资者对投资对象经营状况的关注和筹资者在资金使用方面的压力和约束。

二、权益融资和债务融资

按照融资后形成的产权关系不同，农民创业企业的融资可以分为权益融资和债务融资。

（一）权益融资

也叫股权融资，是指融资方通过出让企业股权筹集资金的方式，如天使投资、风险投资、股票融资等。权益融资的作用表现在以下方面。

第一，权益融资筹措的资金具有永久性特点，无到期日，不需归还。项目资本金是保证项目法人对资本的最低需求，是维持项目法人长期稳定发展的基本前提。

第二，没有固定的按期还本付息压力，股利的支付与否和支付多少，视项目投产运营后的实际经营效果而定，因此项目法人的财务负担相对较小，融资风险较小。

第三，它是负债融资的基础。权益融资是项目法人最基本的资金来源。它体现着项目法人的实力，是其他融资方式的基础，尤其可为债权人提供保障，增强公司的举债能力。

（二）债务融资

债务融资，是指以借款的方式来筹集资金，到期需要还本付息的方式，如信贷融资、债券融资等。相对于股权融资，它具有以下几个特点。

（1）短期性。债务融资筹集的资金具有使用上的时间性，需到期偿还。

（2）可逆性。企业负有到期还本的义务。

（3）负担性。企业需支付债务利息，从而形成企业的固定负担。

在债务融资活动中，融资双方是一种债权、债务关系，投资者为债权人，筹资者为债务人，因此，只要债务人处于正常经营的状态，债权人就拥有依法按时获得本息的权益，即便债务人处于经营破产的境地，债权人也拥有按破产法的有关条款获得本息的权益。

债务融资的主要形式有：银行贷款、债券融资等。

1. 银行贷款

银行贷款，是指银行根据国家政策以一定的利率将资金贷放给资金需要者，并约定期限归还的一种经济行为。

银行贷款按不同的标准可分为不同的种类。例如，按贷款的期限，可分为短期贷款、中期贷款和长期贷款。贷款期限在 1 年以内的通常称为短期贷款；1 ~ 5 年的为中期贷款；超过 5 年一般称为长期贷款。按贷款是否有担保，分为有担保的贷款和无担保的贷款。有担保的贷款又具体分为抵押贷款、质押贷款和保证贷款。无担保的贷款又叫信用贷款，即借款人仅凭借信誉从银行取得的贷款。按贷款的对象不同，分为工、商、农业贷款，消费者贷款，金融机构贷款等。按贷款的经济性质不同，分为流动资金贷款和固定资金贷款。按贷款额度的管理方式不同，分为循环使用和不可循环使用的贷款。按利率不同，分为固定利率贷款和浮动利率贷款等。

银行贷款也是农民创业者最主要的一种融资方式。创业贷款的期限一般为 1 年，最长不超过 3 年。按照有关规定，创业贷款的利率不得向上浮动，并且可按人民银行规定的同档次利率下浮20%；许多地区的下岗失业人员、农民工创业贷款还可以享受60%的政府贴息。

2. 债券融资

债券融资，是指企业通过发行债券筹集资金的一种形式。

债券是政府或公司以直接融资方式向投资者借款的债务证书。只有公司企业才能发行债券。公司债券是公司向外借债的一种债务凭证。发行债券的公司出售债务凭证，向债券持有人作出承诺和保证，在指定的时间，按票面规定还本付息。

由于公司对发行公司债券都有一些规定限制，一般农民创业者创办的小型公司很难达到要求。因此，农民创业者大多不能利用债券融资。

三、商业信用融资

商业信用融资，是指企业之间在买卖商品时，以商品形式提供的借贷活动，是经济活动中的一种最普遍的债权、债务关系。商业信用的存在对于扩大生产和促进流通起到了十分积极的作用但不可避免地也存在着一些消极的影响。

（一）商业信用融资的优点

（1）筹资便利。利用商业信用筹集资金非常方便，因为商业信用与商品买卖同时进行，属于一种自然性融资，不用做非常正规的安排，也无须另外办理正式筹资手续。

（2）筹资成本低。如果没有现金折扣，或者企业不放弃现金折扣，以及使用不带息应付票据和采用预收货款，则企业采用商业信用筹资没有实际成本。

（3）限制条件少。与其他筹资方式相比，商业信用筹资限制条件较少，选择余地较大，条件比较优越。

（二）商业信用融资的缺点

（1）期限较短。采用商业信用筹集资金，期限一般都很短，如果企业要取得现金折扣，期限则更短。

（2）筹资数额较小。采用商业信用筹资一般只能筹集小额资金，而不能筹集大量的资金。

（3）有时成本较高。如果企业放弃现金折扣，必须付出非常高的资金成本。

四、租赁融资

租赁融资，是指由承租人选好所需机器设备，由出租人购买设备，然后出租给承租人使用以收取租金的一种信用形式。

对创业企业来说，租赁融资融到的是急需的设备，而不是资金，但其意义是一样的。虽然典型意义的租赁融资是租赁公司出租大型设备给企业，但目前我国已有一些租赁公司将解决创业中小企业融资问题作为主要业务，农民创业者应充分利用租赁融资。此外，农民创业者还可以从其他渠道租赁厂房、设备等，以节约创业资金。

五、典当融资

典当融资，是指当户将其动产、财产权利作为当物质押或者将其房地产作为当物抵押给典当行，交付一定比例的费用，取得当金并在约定期限内支付当金利息、偿还当金、赎回典当物的行为。

典当融资迄今已有1 700多年的历史。在中国近代银行业诞生之前，典当融资是民间主要的融资渠道，在调剂余缺、促进流通、稳定社会等方面占据相当重要的地位，当然也具有高利贷盘剥的性质。现在的典当行是指依照《中华人民共和国公司法》和《典当行管理办法》设立的专门从事典当活动的企业法人，是为中小企业和个人提供临时性质押贷款的特殊金融企业。

典当行一般接受的抵押、质押的范围包括金银饰品、古玩珠宝、家用电器、机动车辆、生活资料、生产资料、房产、有价证券等，原则上只要来源合法、产权明晰，可以依法流通的有价值物品和财产权利都可以典当，这就为农民创业者的融资提供了广阔的当物范围。对于那些急需短期资金的创业者，可以考虑典当融资。

六、民间融资

民间融资，是指出资人与受资人之间，在国家法定金融机构之外，以取得高额利息与取得资金使用权并支付约定利息为目的而采用民间借贷、民间票据融资、民间有价证券融资和社会集资等形式暂时改变资金使用权的金融行为。民间金融包括所有未经注册、在央行控制之外的各种金融形式。

民间融资的特点是灵活简便。具体体现在：

（一）借贷手续灵活、简便，备受急需资金者青睐

据调查，民间借贷双方一般为本乡本土或亲朋好友，当借方需要资金时，或通过中介人或按自己意向说明资金用途、借款金额、还款能力及日期、利息，以口头或协议形式取得资金。因此，一般不需要手续，有手续的也是简单载明借贷双方、日期、还款金额或利息的简要凭据。民间借贷中一半以上是私下达成的交易，对借方来说，手续简便，在急需资金时办理非常方便，备受急需资金者青睐。

（二）利率高、弹性大，城镇乡村有差别

一般而言，民间融资城镇利率高，乡村利率低。城镇借出利率年息一般为15%～30%，乡村借贷利率年息一般为10%～20%，年利率相差5%～10%；城镇民间融资金额大，乡村民间融资金额小。据朔州市调查，城镇单笔借贷金额最高为70万元，乡村民间借贷金额最高11万元，最低的才300元；城镇借贷以

高利贷为主，乡村借贷以互助性质居多。调查反映，朔州市城镇借贷80%以高利贷为主，乡村民间借贷只有18%需支付利息；城镇借贷较为规范，趋向书面化，大多数需签订书面协议，协议条款包括担保人（中介人）、借款额、利率、归还期、违约金，数额较大的还需要以房屋等实物作抵押等，而乡村借贷多为亲戚、熟人、朋友之间发生的借贷行为，一般以口头约定为主。

第三节 农业创业融资的金融机构

一、银行金融机构

农村银行业金融机构，主要包括农业银行及其分支机构、农业发展银行及其分支机构、各商业银行在县域内的分支网点、邮政储蓄银行、农村合作银行、农村信用社、村镇银行等金融机构。

（一）农村信用社

农村信用合作社是银行类金融机构。所谓银行类金融机构又叫做存款机构和存款货币银行，其共同特征是以吸收存款为主要负债，以发放贷款为主要资产，以办理转账结算为主要中间业务，直接参与存款货币的创造过程。

农村信用合作社又是信用合作机构。信用合作机构是由个人集资联合组成的、以互助为主要宗旨的合作金融机构，简称“信用社”，以互助、自助为目的，在社员中开展存款、放款业务。信用社的建立与自然经济、小商品经济发展直接相关。由于农业生产者和小商品生产者对资金的需要存在季节性、零散、小数额、小规模等特点，使得小生产者和农民很难得到银行贷款的支持，但客观上生产和流通的发展又必须解决资本不足的困难，于是就出现了这种以缴纳股金和存款方式建立的互助、自助的信用组织。

农村信用合作社是由农民入股组成，实行入股社员民主管理，主要为入股社员服务的合作金融组织，是经中国人民银行依法批准设立的合法金融机构。农村信用社是中国金融体系的重要组成部分，其主要任务是筹集农村闲散资金，为农业、农民和农村经济发展提供金融服务。同时，组织和调节农村基金，支持农业生产和农村综合发展，支持各种形式的合作经济和社员家庭经济，限制和打击高利贷。

（二）农村商业银行

农村商业银行是由辖内农民、农村工商户、企业法人和其他经济组织共同入股组成的股份制的地方性金融机构。

案例赏析

鄢陵县陶城地处平原，土地肥沃，种植西瓜成了这里的一大特色。由于这里种植的西瓜由葫芦嫁接种植，挂果生长期比普通西瓜长，因而品质优良，口感甘甜，受到人们的喜爱。

但是由于种瓜前期投入资金较大，部分瓜农因为生产资金缺乏，虽然空有一身技术，但不能够大面积种植。同时由于瓜农分散，各自为体，也没有统一的销售市场来出售西瓜。待到西瓜成熟，瓜农往往自己开着农用车到各处兜售，价钱也上不去，所以并没有赚到多少钱。

现在不一样了，因为有了鄢陵农村商业银行。农村商业银行在了解这一情况后，认真分析研究，针对西瓜种植早、投入大、种植户规模大且比较集中的特点，提前组织客户经理深入到西瓜种植户，了解资金需求情况，做到早计划、早安排，信贷措施早落实。

为确保放贷不误农时，农村商业银行设立了信贷绿色通道，采取简化手续、提高授信额度等有效措施，重点对西瓜种植进行全方位的资金支持，以最快速、最便捷的方式让农户贷到资金，使西瓜种植真正形成了区域品牌。同时，该银行还着力抓好对经销户、专业市场、农资经销户的信贷支持，确保生产、贩运、批发、服务四条渠道通畅。

“今年的市场行情非常好，我这5亩多西瓜估计能卖2万多块钱，这一切太感谢农村商业银行的支持了，要没有农村商业银行的小额贷款，就没有俺们今天的发展啊！”刚售出一车西瓜的孙大哥高兴地说着。

据了解，近年来，鄢棱县农村商业银行已向100户瓜农累计发放贷款200多万元。如今瓜农喜获丰收，每亩西瓜产2 500千克左右，同时因为瓜的质量好，外地客商闻名而来洽谈购运的络绎不绝，产品远销至广州、上海、北京、西安等地，带动了陶城瓜农们发家致富。

在经济比较发达、城乡一体化程度较高的地区，“三农”的概念已经发生很大的变化，农业比重很低，有些甚至占5%以下，作为信用社服务对象的农民，虽然身份没有变化，但大都不再从事以传统种养耕作为主的农业生产和劳动，对支农服务的要求较少，信用社实际也已经实行商业化经营。对这些地区的信用社，可以实行股份制改造，组建农村商业银行。

（三）农村合作银行

农村合作银行是由辖内农民、农村工商户、企业法人和其他经济组织入股，在合作制的基础上，吸收股份制运作机制组成的合作制的社区性地方金融机构。与农村商业银行不同，农村合作银行是在遵循合作制原则基础上，吸收股份制的原则和做法而构建的一种新的银行组织形式，是实行合作制的社区性地方金融机构。

（四）中国农业银行

中国农业银行是国际化公众持股的大型上市银行，是中国四大银行之一。最初成立于1951年，是新中国成立的第一家国有商业银行，也是中国金融体系的重要组成部分，总行设在北京。数年来，中国农行一直位居世界五百强企业之列，在“全球银行1 000强”中排名前7位，穆迪信用评级为A1。2009年，中国农行由国有独资商业银行整体改制为现代化股份制商业银行，并在2010年完成“A + H”两地上市，总市值位列全球上市银行第五位。

中国农业银行的前身最早可追溯至1951年成立的农业合作银行。20世纪年代末以来，中国农业银行相继经历了国家专业银行、国有独资商业银行和国有控股商业银行等不同发展阶段。1994年分设中国农业发展银行，1996年农村信用社与中国农业银行脱离行政隶属关系，中国农业银行开始向国有独资商业银行转变。2009年1月5日，中国农业银行整体改制为股份有限公司，完成了从国有独资银行向现代化股份制商业银行的历史性跨越；2010年7月，中国农业银行股份有限公司在上海、香港两地面向全球挂牌上市，成功创造了截至2010年全球资本市场最大规模的IPO，募集资金达221亿美金。这标志着农业银行改革发展进入了崭新时期，也标志着国有大型商业银行改革上市战役的完美收官。

中国农业银行致力于建设面向“三农”、城乡联动、融入国际、服务多元的一流商业银行。中国农业银行凭借全面的业务组合、庞大的分销网络和领先的技术平台，向广大客户提供各种公司银行、零售银行产品和服务，同时开展自营及代客资金业务，业务范围还涵盖投资银行、基金管理、金融租赁、人寿保险等领域。

（五）中国农业发展银行

中国农业发展银行是直属国务院领导的我国唯一的一家农业政策性银行，成立于1994年11月，其职能定位为：以国家信用为基础，筹集农业政策性信贷资金，承担国家规定的农业政策性金融业务，代理财政性支农资金的拨付，为农业和农村经济发展服务。中国农业发展银行实行独立核算，自主、保本经营，企业化管理。

中国农业发展银行的主要任务是：按照国家的法律、法规和方针、政策，以国家信用为基础，筹集农业政策性信贷资金，承担国家规定的农业政策性和经批准开办的涉农商业性金融业务，代理财政性支农资金的拨付，为农业和农村经济发展服务。中国农业发展银行在业务上接受中国人民银行和中国银行业监督管理委员会的指导和监督。中国农业发展银行的业务范围，由国家根据国民经济发展和宏观调控的需要并考虑到中国农业发展银行的承办能力来界定。中国农业发展银行成立以来，国务院对其业务范围进行过多次调整。

（六）中国邮政储蓄银行

中国邮政储蓄银行于2007年3月20日正式挂牌成立，是在改革邮政储蓄管理体制的基础上组建的商业银行。中国邮政储蓄银行承继原国家邮政局、中国邮政集团公司经营的邮政金融业务及因此而形成的资产和负债，并将继续从事原经营范围和业务许可文件批准、核准的业务。2012年2月27日，中国邮政储蓄银行发布公告称，经国务院同意，中国邮政储蓄银行有限责任公司于2002年1月21日依法整体变更为中国邮政储蓄银行股份有限公司。

案例赏析

岳城是正阳县最东部的一个偏僻乡村，也是粮食收购户集中的乡村。去年花生的收成特别好，价格也持续上涨。吴先生一直做采购生意，他想囤积一批花生，但心有余而力不足，手头没有那么多资金，借遍了亲朋好友也没能解决资金问题。一个偶然的机会，吴先生看到了邮政小额贷款的广告宣传页，于是他就决定到邮政银行去试试。吴先生到银行咨询了邮政小额贷款的相关信息，并提交了自己的贷款申请。

邮政储蓄银行为了让老百姓能及时用到信贷资金，不误农时和生产季节，开展了“送贷下乡”，第二天邮政银行的信贷员就来到吴先生家中进行调查，为他办理了5万元的邮政小额贷款手续，解了他的燃眉之急。邮政小额贷款申请条件低、审批流程短、借款成本低、额度适中、期限灵活，对大多数急需资金支持的农户真正起到了雪中送炭的作用。

中国邮政储蓄银行股份有限公司坚持服务“三农”、服务中小企业、服务城乡居民的大型零售商业银行定位，发挥邮政网络优势，强化内部控制，合规稳健经营，为广大城乡居民及企业提供优质金融服务，实现股东价值最大化，支持国民经济发展和社会进步。

邮政储蓄银行自1986年恢复开办以来，截至2008年已建成覆盖全国城乡网点面最广、交易额最多的个人金融服务网络，拥有储蓄营业网点3.6万个。邮政储蓄银行已在全国31个省（市、区）设立了省级分行，并且在大连、宁波、厦门、深圳、青岛5个计划单列市设有分行。

经过25年的发展，中国邮政储蓄银行已形成了以本外币储蓄存款为主体的负债业务；以国内、国际汇兑、转账业务、银行卡业务、代理保险及证券业务、代收代付、代理承销发行、兑付政府债券、代销开放式基金、提供个人存款证明服务及保管箱服务等多种形式的中间业务；以债券投资、大额协议存款、银团贷款、小额信贷等为主渠道的资产业务。2008—2015 年，中国邮政储蓄银行对公存款和对公结算业务在全国 36 家分行全面铺开，信用卡成功发行。

中国邮政储蓄银行依托邮政网络优势，按照公司治理架构和商业银行管理要求，不断丰富业务品种，不断拓宽营销渠道，不断完善服务功能，为广大群众提供更全面、更便捷的基础金融服务，成为一家资本充足、内控严密、营运安全、功能齐全、竞争力强的现代银行。2007 年 6 月 22 日，中国邮政储蓄银行“好借好还”小额贷款业务在河南新乡长垣县启动试点，2007 年年末共有 7 省开办试点。2008 年年初开始全国推广。2008 年 6 月 24 日西藏分行开办业务，全国 31 个省（市、区）分行和 5 个计划单列市分行已全部开办小额贷款业务。

二、其他金融机构

除农村银行业金融机构外，其他形式的金融机构主要包括小额贷款公司、农村资金互助社和大银行设立的全资贷款公司等金融机构。

（一）小额贷款公司

小额贷款公司是由自然人、企业法人与其社会组织投资设立，不吸收公众存款，经营小额贷款业务的有限责任公司或股份有限公司。与银行相比，小额贷款公司更为便捷、迅速，适合中小企业、个体工商户的资金需求；与民间借贷相比，小额贷款更加规范，贷款利息可双方协商。

小额贷款公司是企业法人，有独立的法人财产，享有法人财产权，以全部财产对其债务承担民事责任。小额贷款公司股东依法享有资产收益、参与重大决策和选择管理者等权利，以其认缴的出资额或认购的股份为限对公司承担责任。

小额贷款公司应遵守国家法律、行政法规，执行国家金融方针和政策，执行金融企业财务准则和会计制度，依法接受各级政府及相关部门的监督管理。

小额贷款公司应执行国家金融方针和政策，在法律、法规规定的范围内开展业务，自主经营，自负盈亏，自我约束，自担风险，其合法的经营活动受法律保护，不受任何单位和个人的干涉。

申请小额贷款步骤如下。

1. 申请受理

借款人将小额贷款申请提交给小额贷款公司之后，由经办人员向借款人介绍小额贷款的申请条件、期限等，同时对借款人的条件、资格及申请材料进行初审。

2. 再审核

经办人员根据有关规定，采取合理的手段对客户提交材料的真实性进行审核，评价申请人的还款能力和还款意愿。

3. 审批

由有权审批人根据客户的信用等级、经济情况、信用情况和保证情况，最终审批确定客户的综合授信额度和额度有效期。

4. 发放

在落实了放款条件之后，客户根据用款需求，随时向小额贷款公司申请支用额度。

5. 贷后管理

小额贷款公司按照贷款管理的有关规定对借款人的收入状况、贷款的使用情况等进行监督检查，检查结果要有书面记录，并归档保存。

6. 贷款回收

根据借款合同约定的还款计划、还款日期，借款人在还款到期日时，及时足额偿还本息，到此小额贷款流程结束。

（二）农村资金互助社

农村资金互助社是指经银行业监督管理机构批准，由乡镇、行政村农居和农村小企业自愿入股组成，为社员提供存款、贷款结算等业务的社区互助性银行业金融业务。

农村资金互助社实行社员民主管理，以服务社员为宗旨，谋求社员共同利益。

农村资金互助社是独立的法人，对社员股金、积累及合法取得的其他资产所形成的法人财产，享有占有、使用、收益和处分的权利，并以上述财产对债务承担责任。

农村资金互助社的合法权益和依法开展经营活动受法律保护，任何单位和个人不得侵犯。农村资金互助社社员以其社员股金和在本社的社员积累为限对该社承担责任。

农村资金互助社从事经营活动，应遵守有关法律法规和国家金融方针政策，诚实守信，审慎经营，依法接受银行业监督管理机构的监管。

（三）全资贷款公司

贷款公司是指经中国银行业监督管理委员会依据有关法律、法规批准，由境内商业银行或农村合作银行在农村地区设立的、专门为县域农民、农业和农村经济发展提供贷款服务的非银行业金融机构。贷款公司是由境内商业银行或农村合作银行全额出资的有限责任公司。

企业贷款可分为：流动资金贷款、固定资产贷款、信用贷款、担保贷款、股票质押贷款、外汇质押贷款、单位定期存单质押贷款、黄金质押贷款、银团贷款、银行承兑汇票、银行承兑汇票贴现、商业承兑汇票贴现、买方或协议付息票据贴现、有追索权国内保理、出口退税账户托管贷款。

贷款公司必须坚持为农民、农业和农村经济发展服务的经营宗旨，贷款的投向主要用于支持农民、农业和农村经济发展。

(1) 在资金来源方面，贷款公司不得吸收公众存款，其营运资金仅为实收资本和向投资人的借款。

(2) 在资金运用方面，仅限于办理贷款业务、票据贴现、资产转让业务以及因办理贷款业务而派生的结算事项。

在贷款的发放原则方面，要求贷款公司应当坚持小额、分散的原则，提高贷款覆盖面，防止贷款过度集中。

(3) 在审慎经营的要求方面，明确规定，贷款公司对同一借款人的贷款余额不得超过资本净额的10%，对单一集团企业客户的授信余额不得超过资本净额的15%。

三、农村金融体系建设

加大政策性金融对农村改革发展重点领域和薄弱环节的支持力度，拓展农业发展银行支农领域，大力开展农业开发和农村基础设施建设中长期政策性信贷业务。农业银行、农村信用社、邮政储蓄银行等银行业金融机构都要进一步增加涉农信贷投放。积极推广农村小额信用贷款。加快培育村镇银行贷款公司、农村资金互助社，有序发展小额贷款组织，引导社会资金投资设立适应“三农”需要的各类新型金融组织。抓紧制定对偏远地区新设农村金融机构费用补贴等办法，确保3年内消除基础金融服务空白乡镇。针对农业农村特点，创新金融产品和服务方式，搞好农村信用环境建设，加强和改进农村金融监管。建立农业产业发展基金。

第四节　农业保险业务

国务院2012年11月颁布《农业保险条例》(以下简称《条例》),明确对符合规定的各种农业保险由财政部门给予保险费补贴,并建立财政支持的农业保险大灾风险分散机制。该条例将于2013年3月1日起施行。

农业保险,是指保险机构根据农业保险合同,对被保险人在种植业、林业、畜牧业和渔业生产中因保险标的遭受约定的自然灾害、意外事故、疫病、疾病等保险事故所造成的财产损失,承担赔偿保险金责任的保险活动。《条例》的实施将填补《中华人民共和国农业法》和《中华人民共和国保险法》未涉及的农业保险领域的法律空白,对确保我国粮食安全意义重大。《条例》明确规定,农业保险实行政府引导、市场运作、自主自愿和协同推进的原则,进行保险活动的保险机构包括保险公司以及依法设立的农业互助保险等保险组织。《条例》还明确,国家支持发展多种形式的农业保险,健全政策性农业保险制度。由国务院保险监督管理机构对农业保险业务实施监督管理。国务院财政、农业、林业、发展改革、税务、民政等有关部门按照各自的职责,负责农业保险推进、管理的相关工作;财政、保险监督管理、国土资源、农业、林业、气象等有关部门、机构应当建立农业保险相关信息的共享机制。

一、农业保险概述

(一)概念

农业保险是指专为农业生产者在从事种植业和养殖业生产过程中,对遭受自然灾害和意外事故所造成的经济损失提供保障的一种保险。

农业保险是市场经济国家扶持农业发展的通行做法。通过政策性农业保险，可以在世贸组织规则允许的范围内，代替直接补贴对我国农业实施合理有效的保护，减轻加入世贸组织带来的冲击，减少自然灾害对农业生产的影响，稳定农民收入，促进农业和农村经济的发展。在中国，农业保险又是解决“三农”问题的重要组成部分。2007 年国家财政拨出 10 亿元专项补贴资金，通过地方财政资金的配套，对6 省（市、区）五大类粮食作物保险予以补贴，积极为农业安全生产提供保障。这项措施有力地改变了农险经营的外部环境，农业保险由此出现了快速发展的良好势头，当年全国农业保险实现保费收入 51.8 亿元。2008 年，国家稳步扩大政策性农业保险试点范围，加大了对粮食、油料、生猪、奶牛生产的各项政策扶持，支持发展主要粮食作物政策性保险。分析近年来农业政策情况可以发现，加强农业的基础地位，持续加大支农惠农力度，将是今后一个时期的长期国策，而农业保险作为其中的组成部分，正迎来了发展的大好时机。

农业保险责任范围的大小及险种设置是判断一国农业保险事业发展水平的重要标准。一般而言，农业保险的范围越大，一国的农业保险水平就越高。目前，中国的农业保险主要集中在农作物保险和养殖业保险。农作物保险主要承保自然灾害，而自然灾害外的社会政治经济风险则属于保险责任以外的，如农药污染、有毒化学物质泄漏等所造成的损失未列入保险责任之内。养殖业保险的责任确定也有类似的情况。从理论角度讲，凡是农业生产中所遭受的各种自然灾害和意外事故均应被保险，可见，现行的农业保险制度所设定的保险险种与中国农业生产不相适应。因此，从严格经济意义上讲，我国尚未真正建立起农业保险机制。农业保险经营者已无法顾及农业保险对农业发展和农村经济的社会保障作用。

农业保险关乎国家的粮食安全。目前这项工作正在“试点”之中。面对国际粮价大幅上涨和国内农民种粮积极性不高这样一个严峻形势，农业保险必须尽快“推而广之”。

农业保险是国家粮食安全的保护伞。当下的农业生产在很大程度上还是靠天吃饭。而有了农业保险，农民朋友，特别是那些种粮大户，便有了“东山再起”的信心和后劲。就全国来说，只是在“有积极性、有能力，也有条件开展农业保险的省份”搞试点，而像中国第一种田大户侯安杰所在的地方，“他跑了多家保险公司，也没人愿意承接他的农业保险业务”，这正表明农业保险亟须“四轮齐转”。

（二）农业保险的特点

1. 地域性

各种有生命的动物、植物在生长过程中都需要具备严格的自然条件，但是由于各地区的地形、土壤、气候等自然条件的不同，再加上社会经济、生产条件、技术水平的不同，形成了动物、植物地域性的差异。从而决定了农业保险只能根据各地区的实际情况确定承保条件，而不应该强求全国统一的模式。

2. 季节性

由于农作物的生长受自然因素的制约，具有明显的自然性，这就要求农业保险在展业、承保、防灾理赔过程中，必须对动植物生物学特性和自然生态环境有正确的认识，以便督促被保险人加强农业生产管理。

3. 连续性

动物与植物在生物学过程中都是紧密相连、不能中断，并且相互影响、相互制约，因此农业保险人员要考虑动植物生长的连续性，要有全面长期的观点。

4. 技术难度大，经营风险高

农业保险的技术难度大主要是指展业难、成保难、理赔难。

农村主要是以分散经营为主，就单个农村居住地而言，农业保险人员首先必须了解当地的气候特点、自然灾害发生率、主要经营的农作物品种、农业主要耕作的劳动力，以及信誉度（逆向选择与道德风险）等。仅就农业保险费率的厘定这一项，保险公司必须对各种农作物进行有效地区分，充分了解各年间农作物的损失数，牲畜的品种、死亡率，对区域间进行合理的对比分析，农业保险公司需投入大量的资金、人才、技术。总之，需要投入较高的监督成本。

5. 政策性

过去开展农业保险是两头怕：一怕农民朋友保不起，二怕保险公司赔不起。所以农业保险一直开展不起来。现在政府为了解决这一问题，实施保费补贴政策，即政府财政为农民保户提供保险费补贴，所以农业保险具有一定的政策性。

（三）农业保险的作用

农业是一个弱质产业，自然条件的变化对农业生产影响很大，一场突如其来的洪水、干旱、暴风雨、病虫害等自然灾害直接威胁着农业生产。自我救助能力在巨灾面前显得非常脆弱，农民很难通过自身的行为从巨灾中恢复过来。参加农业保险能够有效地补偿农民在农业生产中由于自然灾害造成的损失，对恢复受灾农民的生产和解决灾后的农民生活起到重要作用。

1. 参加农业保险有利于减少农业生产的灾害损失

自然灾害事故是不可避免的，农业灾害在什么时间、什么地点发生是难以预料的；灾害波及的范围有多大、受损的程度有多深事先也是难以想象的。参加农业保险可以对受灾农户的损失进行及时、有效、合理地赔款。农民以较小的投入可以获得较高的补偿，从而使恢复农业再生产、重新购置生产资料有了资金保障。

2. 参加农业保险有利于保障农民的基本生活水平

土地收入是农民生活的主要来源，如果遇到自然灾害的袭击，致使土地颗粒无收，血本无归，农民生活就会面临非常困难的局面。参加农业保险就解决了这个问题，保险公司对农作物在生长过程中遭受人力无法控制的自然灾害所造成的产量、产值或生产费用的损失负赔款责任。受灾农民及时得到了经济补偿就可以重建家园，维持一定的生活水平，坚定恢复生产的信心。

3. 参加农业保险有利于缓解财政救灾的负担

农业生产遭到一般的灾害损失，由保险机构进行赔付。除非发生特大灾害，否则，政府是不用发放救济款的，农业保险减轻了财政支出的负担。

4. 参加农业保险有利于为发展农村经济积累资金

大力发展农业保险能使分散的、零星的保险费汇集成巨额的保险基金。农业保险经办机构可把积聚的一部分资金用于农村地区的投资，有利于促进农村经济的发展。

5. 参加农业保险有利于培养农民互助合作精神

农村实行家庭联产承包制极大地调动了农民的生产积极性，但是一家一户孤军奋战的特点非常明显，当农业生产遇到自然灾害或意外事故时，农民有时恢复生产的信心不足，依赖政府和社会救济的思想比较严重。保险采取的是“大数法则”，以多数人的钱，补偿少数人的灾害损失。农民只要支付少量的保费，一遇灾害都有获得经济补偿的机会，农业保险培养了农民集体互助精神。

6. 参加农业保险有利于农村金融服务体系的有机结合

建立社会主义新农村需要有大量的资金作后盾，建立和完善农村金融服务体系是非常重要的。比较完善的金融服务体系应该包括农村信贷机构、农业保险机构、农村投资机构。农业保险对农村信贷和农村投资起着“稳定器”和“助推器”的作用。比如农业银行和信用社发放农业信贷资金支持农业生产，但是，遇到自然灾害农民无力偿还贷款，造成农业信贷资金拖欠、沉淀，对农业银行和信用社相当不利。参加农业保险使农业信贷资金收回有了保障，农业银行和信用社就可以放心地发放农业信贷资金。

二、农业保险的种类

按照承保对象不同，可以把农业保险分为种植业保险和养殖业保险。

（一）种植业保险

种植业通常是指栽培植物以获取产品的生产行业。广义的种植业包括农作物栽培和林果生产两部分。种植业生产是人类生活资料的基本来源，生产的粮食、油料、糖料、蔬菜以及木材和果品等，有的作为生活资料，有的作为工业原料。种植业生产是在土地上利用天然的光、热、水、气条件，通过植物生长机能去转化能量而获得产品，所以，种植业深受大自然中气象灾害的影响以及病虫害和火灾等意外事故的威胁。作为一种分散风险并能在灾后及时提供经济补偿的风险管理手段，种植业保险越来越被人们所认识，也越来越发挥出重要作用。种植业保险一般包括农作物保险和林木保险两大类。

1. 农作物保险

农作物是指人工栽培的植物，包括粮食作物、经济作物、绿肥和饲料作物等。按农作物的不同生长阶段，农作物保险又可具体分为生长期农作物保险和收获期农作物保险。

（1）生长期农作物保险。生长期农作物保险是以齐苗至收获前处在生长过程中的农作物为保险标的的保险。目前，我国开办的生长期农作物保险主要有小麦种植保险、水稻种植保险、玉米种植保险、棉花种植保险、烟叶种植保险和甘蔗种植保险等。

（2）收获期农作物保险。收获期农作物保险是承保农作物收获后在晾晒、轧打、脱粒和烘烤加工过程中因遭受自然灾害或意外事故而造成农作物产品损失的一种保险，如麦场夏粮火灾保险、烤烟水灾保险等。

2. 林木保险

林木保险的保险标的主要是指人工栽培的人工林和人工栽培的果木林两大类。原始林或自然林不属于保险标的范围。

（1）林木保险。林木在生长期遇到的灾害有火灾、虫灾、风灾、雪灾、洪水等，其中，火灾是森林的主要灾害。目前，我国只承保单一的火灾责任，今后将会逐步扩大保险责任范围。林木保险可以根据未来的生长期确定保险期限，也可以按 1 年定期承保，到期续保。林木保险的保险金额确定方式有两种：一是按照林木成本确定；二是分成若干档次确定。

（2）果树保险。果树保险根据承保地区主要树种的自然灾害选择单项灾害或伴发性灾害作为保险责任，对于果树的病虫害一般不予承保。果树保险一般可分为果树产量保险和果树死亡保险两种。果树产量保险只保果树的盛果期，初果期和衰老期一般不予承保；保险期限是从坐果时起到果实达到可采成熟时止。果树死亡保险的保险期限多以 1 年期为限。

（二）养殖业保险

养殖业是利用动物的生理机能，通过人工养殖以取得畜禽产品和水产品的生产行业。由于养殖业的劳动对象是有生命的动物，它们在生产过程中具有移位和游动的特点，因此，在利用自然力方面，比种植业有较大的灵活性。但是，养殖业也受到自然灾害和意外事故的影响，尤其受到疾病死亡的严重威胁。养殖业保险，是以有生命的动物为保险标的，在投保人支付一定的保险费后，对被保险人在饲养期间遭受保险责任范围内的自然灾害、意外事故所引起的损失给予补偿。这是一种对养殖业风险进行科学管理的最好形式。一般把养殖业保险分为畜禽养殖保险和水产养殖保险两大类。

1. 畜禽养殖保险

畜禽养殖保险是以人工养殖的牲畜和家禽为保险对象的养殖保险。在畜禽养殖保险中，根据保险标的的特点，又可分为牲畜保险和家禽保险。

（1）牲畜保险。牲畜在饲养过程中，面临的灾害风险较大，如疾病、自然灾害或意外事故造成的死亡或伤残。牲畜保险一般根据不同牲畜的饲养风险，选择几种主要的传染病，再加上部分自然灾害和意外事故作为保险责任。但要尽量避免承保与人为因素密切相关的风险。

（2）家禽保险。家禽保险是指为经过人类长期驯化培育可以提供肉、蛋、羽绒等产品或其他用途的禽类提供的一种保险。由于家禽在饲养过程中一般采取高密度的规模养殖方式，因此，承保责任以疾病、自然灾害和意外事故等综合责任为主。

2. 水产养殖保险

水产养殖保险是指对利用水域进行人工养殖的水产物因遭受自然灾害和意外事故而造成经济损失时，提供经济补偿的一种保险。根据水产养殖的水域环境条件来划分，主要有淡水养殖保险和海水养殖保险两大类。

（1）淡水养殖保险。淡水养殖保险的保险标的主要有鱼、河蚌、珍珠等。淡水养殖保险主要承保因自然灾害或非人为因素造成意外事故所致保险标的的死亡，对因疾病引起的死亡一般不予承保。

(2) 海水养殖保险。海水养殖保险是指为利用海水资源进行人工养殖者提供的一种保险。目前，开办的海水养殖保险有对虾养殖保险、扇贝养殖保险等。海水养殖主要集中在沿海地区的浅海和滩涂，因此面临的风险主要是台风、海啸、异常海潮、海水淡化或海水污染等造成保险标的的流失或死亡。海水养殖保险的保险责任主要是自然灾害造成的流失、缺氧浮头死亡等，对疾病、死亡风险一般需特约承保。

思考题

1. 创业资金如何使用和估算？
2. 农民创业融资方式有哪些？
3. 为农民创业提供融资服务的金融机构有哪些？

第七章　农民创业的主要领域

随着工业化、城镇化、信息化和农业现代化的深入推进，农业农村经济不断发展，农民创业的领域越来越广阔。

第一节　“两型农业”创业

一、“两型农业”创业定位

推进“两型农业”创业是推进“两型社会”建设的必然要求，是缓解资源约束、解决生态环境问题，确保粮食安全、增加农民收入、实现省域农业农村经济可持续发展的迫切要求。

二、都市农业

都市农业是一种符合现代人生活与城市生态建设需要的未来技术构架，是实现农业与都市建设一体化的必然趋势，更是人类进步与文明的象征和人类认识自我回归自然的客观需要，人类只有依赖自然力量，利用生物的庞大修复功能才能让人类在这星球上长盛不衰。都市农业为人类的生态文明开辟了通向繁荣的大道，只有顺应自然和尊重自然才能达到完美与和谐，才能实现人与自然的协同发展。具体而言，都市农业是把城区与郊区、农业和旅游、第一产业、第二产业和第三产业结合在一起的新型交叉产业，它主要是利用农业资源和农业景观吸引游客前来观光、品尝、体验、娱乐、购物，是一种文化性强、有大自然情趣浓厚的新的农业生产方式，体现了“城郊合一”、“农游合一”的基本特点和发展方向。

（一）发展都市农业的意义

积极引导农民围绕都市农业创业兴业的意义重大，主要体现在以下方面：一是充分利用农业资源，促进农业结构优化调整，提高农业生产效益；二是为农副产品带来销售渠道，提高当地农业产品的知名度；三是可以带动相关产业的发展，促进剩余劳动力转移，扩大劳动就业；四是可以疏散城市拥挤人口，为减轻城市人口压力创造条件；五是扩大城乡文化、信息交流，促进农村开放；六是绿化、美化环境，提高城市生活和生存环境质量。

（二）都市农业的主要模式

1. 偏重生产、经济功能的模式

美国大西洋沿岸被认为是当今世界上最富有的地区之一，以波士顿、纽约、费城、巴尔的摩、华盛顿五大都市圈形成的带状区域被美国经济学者 Jean Gottmann 称为“巨型带状都市”。这一南北长约 960 千米，东西宽 50～160 千米的区域里都市和农村相互交叉，融为一体，农业如网络一样分布在城市群之中。该区域内的农业由于受都市经济势力的巨大影响，形成了集生产和经济于一体的独特的都市农业模式。

2. 偏重生态、社会功能的模式

以欧洲城市最典型，如英国的森林城市、德国的田园化城市等，由于经济发达和文化传统等原因，更重视人与自然环境的和谐相处和生活质量的改善与提高。

3. 生产、经济功能和生态、社会功能兼顾的模式

这一模式以东亚的日本和南亚的新加坡为典型。日本有许多高集约化的尖端农业，尽管其国内食品需求量的 60% 以上来自国外，但蔬菜自给率却高达 90% 以上，城市四周有许多土地用于植树造林、美化城市、发挥生态功能，国土面积的 60% 以上为森林所覆盖。

（三）都市农业的类型

据《中国都市农业发展报告（2010）》，从世界范围看，现

代农业产业早已超出一般意义上农业的概念，受消费者需求驱动以及新科技革命和市场化进程的影响，围绕农业生产已经派生出很多相关产业，成为一个市场潜力巨大、前景广阔的产业体系。而农业产业链的延伸和拓展，进一步增强了都市农业产业的覆盖面和影响力。尽管前景诱人，但都市农业只有因地制宜方能发挥出最大效用。都市农业既服务于城市，又依托于城市，围绕都市农业创业的农民要想获得良好的经济效益，必须根据城市的特点和城市发展的需要来开拓农业产业，充分利用都市的经济、技术和市场优势，选择与自身能力相匹配的都市农业类型。

1. 按农业功能划分

都市农业包括农业公园、观光农园、市民农园、休闲农场、教育农园、高科技农业园区、森林公园、民俗观光园和民宿农庄等。

（1）农业公园。这种都市农业类型的特点是把公园与农业生产场所、消费场所和休闲场所结合起来建设，利用农业生产基地来吸引市民游览，主要是供观赏和旅游，面积比较大。一般选择依山傍水、有林草的地方，以地形和农产品种类而形成自己的风格特色。农业公园又可分为专业性农业公园和综合性农业公园。

（2）观光农园。这种都市农业类型的特点是开放农业园地，让市民观赏、采摘或购置。有的主要是供观赏农村景观或生产过程，有的可以购买新鲜产品（如花卉），有的还可以参加采摘果实。有的农户开放自家的花卉种植温室，有的观光农园集中区建立了展览室，让游人在观赏之余还能增长知识。

（3）市民农园。这种都市农业类型的特点是让没有土地所有权的市民承租农地，直接参与农业植栽，亲身体验农业劳动过程。市民农园一般设在离市区较近、交通、停车都便利的地方。

农园经营者把整个园地划分为若干块，分别租给不同的市民，供他们进行耕作体验，有的可以解决一些吃菜或就业问题。

(4) 休闲农场。这是一种综合性休闲农业区，以吸引旅客住宿为特点。农场以生产果、菜、茶等农作物为主，经过规划设计，充分利用农场原有的多种自然景观资源，如溪流、山坡、水塘，以及植物、动物、昆虫，引进一些游乐项目，开发为休闲农场（或度假农庄），把市民的观赏景观、采摘果实、体验耕作、住宿餐饮和娱乐等多种活动结合在一起，满足他们度假游乐的需要。

(5) 教育农园。这是兼顾农业生产与科普教育功能的农业经营形态，即利用农园中所栽植的作物、饲养的动物以及配备的设施，如特色植物、热带植物、农耕设施栽培、传统农具展示等，进行农业科技示范、生态农业示范，给游客传授农业知识。

(6) 高科技农业园区。这是采用新技术生产手段和管理方式，形成集生产加工、营销、科研、推广、功能等于一体，高投入、高产出、高效益的农业种植区或养殖区。这些园区有的可以对外开放，供游人观赏，有的属于封闭型，不接待游客。

(7) 森林公园。这是一个以林木为主，具有多变的地形，开阔的林地，优美的林相和山谷、奇石、溪流等多景观的大农业复合生态群体。以森林风光与其他自然景观为主体，在适当位置建设狩猎场、游泳池、垂钓区、露营地、野炊区等，是人们回归自然、休闲、度假、旅游、野营、避暑、科学考察和进行森林浴的理想场所。

(8) 民俗观光园。选择具有地方或民族特色的村庄，稍加整修可提供过夜的农舍或乡村旅店之类的游憩场所，让游客充分享受农村浓郁的乡土风情和浓重的泥土气息，以及别具一格的民间文化和地方习俗。

(9) 民宿农庄。这种都市农业类型的目的主要是满足已退休或将退休的城里人租住农村房屋，迁居农家的需要。这些人中有教授、导演、设计师、工程师等，他们在城里均有较好的住所，但非常向往农村的风光，希望游览田园景观，在林间散步，呼吸农村新鲜空气，过宁静淡泊、无噪音、无污染的世外桃源式生活。

2. 按区域划分

都市农业可分为中心区农业、走廊区农业、隔离区农业和外缘区农业。

（1）中心区农业。这一都市农业类型位于城市中心地区，人口和建筑密度大，土地利用的混合程度和集约程度高，通常以公务和商业零售活动为主。这里的农业主要分布于屋缘（屋顶、阳台、宅院）、闲置地、院区和园区，具有较高价值和需要较多投入，其中很多采用小型温室农业系统的形式。

（2）走廊区农业。这一都市农业类型是位于高速公路或铁路两侧的交通地带的农业，属于高集约发展农业。这类农业处在交通设施发达、与市场联系便捷、居民密度较高的有利环境。走廊地区的农业，以经营观赏性园艺、温室蔬菜和花卉、放牧、家禽、微型动物，以及农家产品集贸市场和批发市场为主。

（3）隔离区农业。这一都市农业类型地处交通走廊之间，呈楔式分布，是都市农业土地、就业、产出集中地区之一。在城市化迅速推进的时期，这里往往是城市住宅、工业、绿化等建设发展的主要区域，土地利用类型有可能从农业用地大量转为建设用地，所以要注意保护农业。

（4）外缘区农业。这一都市农业类型是相对稳定的农业区，也是都市农业土地、就业、产出集中地区之一。外缘农业区的大小，在很大程度上取决于交通运输效率和自然条件特征。外缘区农业的特点是以大量中小型农场的形式，按照都市区市场的需要，以生产鲜活农产品为主。

三、集约农业

（一）农业集约经营的必要性

现代集约农业以良好的生态环境以及资源的可持续利用为基础，旨在促进农业经济的可持续发展，谋求农村社会的全面进步，是可持续发展理论在农业方面的运用。经济、生态、社会效益的统一是现代集约农业的最大目标，它的建立有赖于人口、经济、社会、资源、环境关系的全面协调。

中国的农村家庭联产承包责任制集约化程度低，在以人力要素为主的小户分散经营模式下，进行市场信息的收集与反馈、技术的推广、生产标准化管理、质量的监控等难度非常大，进而造成农产品生产效率低下，生产成本提高，还直接影响到科技、良种的推广和机械化耕作技术的应用，这显然已经不适应市场竞争的要求。因此，以村为单位把土地集中起来，可以引进、利用先进技术，从良种的选择、土地的改良、农用机械的使用、病虫害的防治到农产品进入市场，都由“社”统一组织，在专业人员的指导下进行科学的规划，实现耕、种、收规模化作业。

土地小规模经营对农业生产的约束作用越来越显著，对农业的规模生产和农产品质量的提升与监督起到了阻碍作用。在这种情况下，应当尽快通过立法和修订相应法律法规，放松对土地流转的限制，实现土地使用权转让的规范化和法制化，使土地向部分种植大户转移集中，以推动农业规模化经营。同时还要改革现行的户籍制度，逐步取消农村居民在城市居住、就业、教育、医疗等方面的待遇差距，以此促进农业人口向非农产业转移，解放出迁移农民的土地。2013 年中央一号文件提出：“坚持依法自愿有偿原则，引导农村土地承包经营权有序流转，鼓励和支持承包土地向专业大户、家庭农场、农民合作社流转，发展多种形式的适度规模经营。”“在支持普通农户提高生产集约化程度的同时，培育新型农业生产经营主体，扶持联户经营、专业大户和家庭农场，发展多种形式的新型农民合作组织。”随着“一号文件”的实施，将为农村土地集约化经营释放出前所未有的“红利。”

（二）制约农业集约化经营的因素

（1）土地集约化经营机制不灵活。目前，政府在土地集约化经营方面还没有明确的扶持政策，难以形成激励机制，使从事非农产业的农民处于不稳定的就业状态。这些农民仍然视土地为最后的退路，既不愿意经营土地，也不愿意转包承包土地，直接影响了土地资源的产出效益。有经济实力的致富能人，面对农业比较效益低、自然风险大的现实，享受不到政策的扶持，也不会积极地投资搞产业化规模经营。

（2）土地经营权流转不规范。集体出租的土地多数没有经过规范的民主程序，潜伏着很多矛盾。大部分农户转包、出租的程序不规范，不进行投标定价，只是口头上承诺和协定，即使有书面合同，也存在合同要素不全、条款不明确、权利义务不清楚等问题，这直接影响着土地承包关系的稳定性。

（3）农民的保障体系不完善。随着城乡经济的快速发展，劳动力市场逐步由单纯的体力型向专业型、技能型转变，低素质的劳动者就业难度加大。土地流转后的农民，由于文化素质和劳动技能偏低，就业难问题尤为突出。大部分农民从农业转产后，主要从事体力劳动，还有部分农民存在着“高不成、低不就”的就业观念障碍，加之政府的就业、养老、医疗等社会保障仍存在城乡差别，土地流转后的失地农民生活风险凸显。

（4）农业集约化经营规模不理想。农业收益比较低，面临市场和自然双重风险。现有的农业企业经营规模一般都不大，因而业主对投资农业开发极为慎重，由于融资难，对政府支持的依赖性较大。而有实力的企业或业主参与土地流转、规模经营农业的又比较少，有规模、上档次的大型农业产业化龙头企业对土地集约化经营的带动作用有限。

（三）提高农业集约化经营水平的对策建议

（1）宣传引导，提高对农业集约化经营水平的正确认识。一要利用各种形式宣传农村土地基本经营制度长期不变的政策和有关土地承包经营权流转的法律法规，向群众讲清土地经营权流转必须坚持“依法、自愿、有偿”的基本原则。二要宣传通过农业规模经营增收致富的典型，增强农民做“大户”、当“农场主”、“庄园主”的意识。三要加强对农经专业相关人员的专题培训，使大家从解决“三农”问题的高度来认识土地流转工作的重要性，掌握好土地流转的法规政策，更好地指导和胜任土地流转工作。

（2）金融倾斜，助推农业集约化经营的良性发展。一要建立多层次多渠道的农村金融机构体系，支持农村土地流转。二要尽快出台针对土地流转方面的银行贷款配套政策，发展农村土地承包经营权抵押和农村房屋抵押信贷业务。要把规模经营大户作为信贷支农的重点，每年安排一定额度的农业信贷资金授信额度，允许规模经营大户以联保等形式办理贷款手续。三要创新发展农村的多种保险业，化解分散农村金融风险。四要加大信用整治力度，加强农村地区信用体系建设；充分发挥各级政府在维护信用秩序方面的主导作用，形成以政府引导、市场主导、部门联动、综合治理的社会信用整治格局，从而减少农村金融机构的信贷风险，为农村金融积极放贷创造良好的信用环境。

（3）健全机制，提高农业集约化经营的管理水平。农业、林业等相关部门要做好土地流转的政策研究、方案制订、业务指导等工作，尽快制定操作性强的土地流转具体实施办法，统一土地流转合同书、格式文本，做好签证登记备案以及档案管理工作，防止出现新的土地矛盾隐患和纠纷。要以农业、林业管理机构为依托，成立土地流转服务中心，负责农村土地流转政策宣传、供求登记、发布信息、项目推介、中介协调、合同签证、追踪服务和纠纷调处。村级要成立土地流转服务站，提供土地承包经营权流转的信息，协调流转双方的利益，督促依法签订流转合同，调解土地流转纠纷，并及时向乡镇土地流转服务中心提供动态情况。应建立并完善相应的农村社会保障体制，以逐步弱化土地的社会福利和保险功能，为土地流出者解除后顾之优，从而加速农村土地集约化经营的进程。

（4）增加投入，改善农业集约化经营的外部条件。要把推进土地流转和规模经营与土地整理和农业综合开发结合起来，使土地整理和农业综合开发作为开展土地流转的一项基础性工作，加大农村小型水利设施建设投入力度，完善农田排灌设施，积极推进标准农田建设，为加快农村土地流转，促进农业集约化经营提供有力保障。

第二节　特色生态农业创业

一、突出生态农业特色

“民以食为天，食以安为先”。吃得安全，是老百姓最大的民生。要把农产品质量安全作为转变农业发展方式、加快现代农业建设的关键节，用最严谨的标准、最严格的监管、最严厉的处罚、最严肃的问责，确保广大人民群众“舌尖上的安全”。要把住生产环境安全关，治地治水，净化农产品产地环境，切断污染物进入农田的链条，对受污染严重的耕地、水等，要划定食用农产品生产禁止区域，进行集中修复，控肥、控药、控添加剂，严格管制乱用、滥用农业投入品。同时，要形成覆盖从田间到餐桌全过程的监管制度，建立更为严格的食品安全监管责任制和责任追究制度，使权力和责任紧密挂钩，抓紧建立健全农产品质量和食品安全追溯体系，尽快建立全国统一的农产品和食品安全信息追溯平台。因此，要将农业结构调整与增加农民收入、防治农业面源污染和改善农业生态环境有机结合起来，大力推进农业产业化经营，建立生态农业产业体系。探索适合各市（州、林区）自然和经济发展要求的生态农业模式，突出区域生态农业特色。建立有机食品、绿色食品生产基地，降低农药、化肥使用量。综合利用各种秸秆、畜禽粪便等农业废弃物，积极发展生物质能源，推广沼气工程，开发平坝、低山、丘陵地区，充分利用土地、植被、水利资源。依托优势生态农业资源，加快农业区域生产布局调整步伐，开展特色农副产品的种养和精深加工，形成现代农业产业集群。推进农业产业化经营向纵深发展，提高农业集约增长效益。引导农业企业和农民发展现代农业，创新农业企业和农户联结方式，加快培植和发展加工龙头企业。

建设特色农产品和优势农产品生产基地，以核心示范基地建设带动和促进板块农业发展。建设生态农业基地，建成一批国内外有影响的农产品龙头企业和知名品牌。建立恩施州干鲜果生产基地；将巴东、神农架九冲以及恩施的生产、研究基地整合起来，成立圈域魔芋生产、加工基地，生产食用魔芋、可降解地膜、药胶囊、饭盒等环保产品；建立柑橘和草莓等鲜果生产、保存、深加工基地；建立茶叶、油茶、食用菌、板栗、甜玉米、高山蔬菜产业生产、储存、深加工基地；建立恩施、襄阳烟草生产、储存基地；推广超级中稻品种在本圈域大规模种植，提高农民收入水平。

开展生物多样性、物种多样性、遗传多样性和生态系统多样性保护及其利用。保护圈域珍稀濒危及资源物种，选育优良物种，并建立种质资源库，为圈域的珍稀濒危及资源物种建立基因资源库。采用分子生物学技术保存多种基因及DNA序列，为分子杂交和克隆提供材料，繁育新物种以及多种性状和杂交优势物种。

建立农业支撑和服务体系，主要建立和逐步完善农业社会化服务与管理体系，农产品及农资产品质量安全体系，灾害预警体系，农产品市场信息体系和农业资源与生态环境保护体系等。

二、生态农业产业化经营的基本类型

生态农业产业化经营是遵循发展农村经济与农业生态环境保护相协调，自然资源开发与保护增值相协调的原则，基于农业生态系统承载能力的前提下，充分发挥当地生态、区位优势及产品的比较优势，在农业生产与生态良性循环的基础上，开发优质、安全、无公害农产品，发展经济、环境效益高的现代化农业产业。它通过区域化布局、专业化生产、系列化加工、网络化链接、一体化经营、社会化服务、企业化管理，把农民（基地）、高附加值的加工企业（龙头企业）、大市场三者紧密有机地结合起来，形成一个利益共享、风险共担、共同发展的实体，使农村经济走上自我发展、自我积累、自我约束、自我调节的良性循环轨道。通过建立与生态农业发展相适应的产业化经营方式，可以妥善解决生态农业发展中“小农户与大市场”的矛盾，以及小生产与生态农业规模化、标准化、集约化发展的不适应问题。同时可以实现农业生产要素与环境资源的合理匹配，生产有市场潜力的安全食品如无公害食品、绿色食品、有机食品。生态农业产业化类型多样，创业农民应结合自身条件，因地制宜，借鉴成功模式的经验，选择合适的发展类型。

（一）整体协调型

农业生态系统层次多、目标多和联系多的特点要求在生态农业产业化经营进程中要重视农业生态系统的整体协调性；而生态农业产业化经营所追求的最终目标，既实现生态环境保护和农业发展的协调统一，又要求经济、社会和生态三个效益的协调统一。如花园生态农业科技示范园区可以遵循“经济、生态、社会”三效益统一原则和“整体、协调、循环、再生”的基本原理，通过实施生态农业、观赏农业、设施农业、供给农业、效益农业“五位一体”的整体协调型农业战略，将试验、示范、游览、观赏、消费与教育融为一体，走上专业化、产业化、规模化、系列化的发展道路。

（二）调整结构型

生态农业产业化经营要求把建设优质高产高效农田、特色农产品生产基地和促进农业结构调整有机结合起来，借助农业结构调整的推动力优化组合农业生产中不同层次和不同领域的多种结构，实现农业生产时空配合、多种经营相结合、提高资源利用效率、产业协调发展和相互促进等目标。如北京近郊瀛海镇为综合发展生态农业产业化经营，先后进行了两轮农业结构调整。目前，瀛海镇蔬菜种植、畜禽养殖两大支柱产业初具规模，产、加、销产业链基本形成，实现了种植业时空配合、农业种养结合，有效提高了资源利用率，形成了生态农业产业化经营的良性循环。

（三）科技教育型

生态农业产业化经营要求在生产过程中优化组合农业高新技术，把资源高效利用、改善生态环境、高品质食物生产等技术作为研究、开发、推广和应用的重点；要求在农业科技推广过程中积极开展科技培训，提高劳动者的科学文化素质，培养他们生态农业观念和产业化经营理念。如浙江省磐安县采取“种、积、还、改”的生态农业技术，提高了土壤可持续利用能力；大力推广生态植保技术和生物农药，实现了健康农产品的生产。山东省兖州市在“无公害优质玉米关键技术集成与产业化示范”项目中，不断提高广大农民的科技素质和高新技术对农业的贡献率，在农业科技装备和人才培养、农业科技管理机制等方面取得了突破。

（四）生产基地型

生态农业生产基地是生态农业产业化经营的基本依托，也是解决小生产与大市场接轨的重要环节。因此，发展生态农业产业化经营必须进一步加快农村土地产权制度改革，因势利导地引导农户合理扩大土地经营规模，加强生态农业生产基地建设。20世纪80年代，浙江省临安市在完成综合农业资源调查的基础上，相继改造和建立了粮、牧、竹、茶、桑、果、菜、药、畜、渔十大农特产商品基地，不仅发挥了地方农业资源的优势，还实现了生产基地和农产品的相对集中，大大提高了生产规模化水平，因而荣获“江南最大的菜竹园”、“中国山核桃之乡”等称号。

（五）主导产业型

农业生产具有地域性，需要按照地域分异规律，因地制宜，选择适当的生态农业产业化经营模式；同时，需要全面调查分析资源潜力、生态优势及劣势、市场条件等，积极发展相应的主导产业，大力开发特优农产品。如河北省槐桥乡利用地多的优势，选择需水量少的经济林木为主导产品，组织产销集团，优化产业链。浙江省云和县利用资源优势，发展木制玩具产业成为当地主导产业，推动了当地经济的发展。浙江省磐安县开发了香菇、茶叶、药材、高山蔬菜等主导产业，形成了具有地方特色的商品优势，实现了经济发展和环境保护的双重目标。

（六）龙头企业型

龙头企业是产业化经营系统的组织者、营运中心、服务中心、信息中心、技术创新主体和市场开拓者，起着关键的枢纽作用，其带动功能更是实现生态农业产业化经营的关键。因此，必须加强对龙头企业的培育，包括严格设计、重点扶持、强化带动功能等。如河南莲花味精集团是农业产业化国家重点龙头企业，实施生态农业产业化经营战略之后，味精产量居全国第一、世界第二，资产总额高达53亿元，有力推动了地方农业经济的快速发展。辽宁省北宁市政府不断加大对龙头企业的培育力度，促使北宁闾山葡萄有限公司、李凯集团等30余家大中型农产品加工流通企业迅速发展。

（七）品牌经营型

在市场经济条件下，生态农业作为高度社会化、产品绿色化的产业，想要获得生存与发展，必须用品牌开拓市场，提高产品知名度、市场占有率和附加值，形成市场竞争优势和价格优势。品牌经营能塑造良好的品牌形象和企业形象，有助于企业准确定位、得到法律保护等。如黑龙江省完达山集团重组后开展了系列"打品牌、树形象"工程，名牌战略的实施使"完达山"商标被国家工商行政管理总局商标局认定为中国驰名商标，填补了黑龙江省在中国驰名商标中的空白。内蒙古草原兴发集团以适度技术催生特色产品，依据市场拓展个性化、高附加值的产品，在国内市场打响了"草原兴发"的品牌。

（八）健康产品型

生产无污染食品，如绿色食品、有机食品等，一方面满足了城乡居民对食物质量越来越高的要求，另一方面有助于解决现代化"石油农业"带来的环境问题，还可以提高农民就业率、增加农民收入等。如吉林省和龙市以无公害蔬菜为重点，全方位立体开发了"龙牛"、"蚕龙"、"菜龙"、"果龙"和"绿色稻米"等10条绿色农业经济带。黑龙江省庆安县米粉厂1993年申报"庆泉牌"洁米使用绿色食品标志，当年就扭转了亏损局面，

1994年又成为黑龙江省食糖系统的百强企业。黑龙江省虎林市依赖得天独厚的生态环境优势和丰富的自然资源，重点发展13个绿色产业，促进了市域经济的发展。

（九）农林复合型

农林复合经营是指在同一块土地上，按空间位置与时间顺序，将多年生木本植物与农作物和家畜动物结合在一起而形成的土地利用系统的集合。农林复合型生态农业充分利用土地，发展多种经济，在提高经济效益和农民生活水平的同时，优化利用自然资源，有效保护了农业生态环境。如山东省曹县以增加农民收入为出发点，大力推进农林复合经营。全县有农田林网11.67万公顷，林农间作2.67万公顷。农林复合经营的大力发展不仅提高了农作物产量，改善了沙区生态环境，而且促进了木材加工企业的迅速发展。2004年，曹县被中国林学会命名为“中国泡桐加工之乡”、“中国杨木加工之乡”和“中国柳编之乡”。

（十）生态旅游型

一方面因为生态环境不断恶化，另一方面因为经济收入的提高和休闲时间的增多，人们回归大自然的渴望愈来愈强，对生态需求愈来愈高。因此，农业生态旅游成为一种新的休闲娱乐方式，它既可以使人们领略到田园风光，又可以增强人们的环保意识，同时还可以增加农民收入和发展农村经济。北京市延庆县利用季节上的优势和良好的生态环境，把旅游业作为主导产业，将生态劣势转化为生态优势。北京市门头沟区樱桃村以生态退耕为契机，发展以樱桃为主的绿色采摘与回归自然休闲观光农业，创造了宝贵的经济价值和社会财富。

第三节 农产品加工业创业

一、发展农产品加工业的意义

一是加快发展农产品加工业有利于更好地发挥农产品的资源优势，缓解资源短缺压力，延长加粗农业产业链，提升农产品附加值，化解经济增长的结构性矛盾。近年经济持续快速增长，特别是冶金、化工、建材等重化工业发展更快，而与这些行业密切相关的煤炭、铁矿、石油等战略性工业原料严重缺乏，可持续发展面临考验。而农产品加工业发展相对较慢，市场竞争力偏弱，在全省经济结构中的比重不高，在全国的市场占有率仍然很低。大量农产品未能有效转化为经济优势，大多以初级产品输送到沿海地区和周边省份作为农产品加工原料。

二是发展农产品加工业是建设农业强省的重要任务，也是实现农民增收的重要途径。受土地资源总量约束、农产品直接补贴空间有限、国际市场价格波动等因素的影响，当前农业的弱势产业地位没有发生改变，依靠传统农业增加农民收入的潜力十分有限。从京山县发展优质稻、英山县发展茶叶产业的实践来看，发展农产品加工业能够促进农产品加工升值，促进农民增收，加快农村经济发展和农民生活改善的步伐。

三是发展农产品加工业是开发就业岗位，促进社会充分就业的重要途径。农产品加工业多属劳动密集型产业，能提供大量的制造业和服务业就业岗位，不仅能把数以千万计的农民从农村转移出来，还能为全社会提供众多的就业岗位。据全省第一次经济普查数据显示，全省以农产品为原料的加工业每亿元销售收入提供的就业岗位是576个，其中，纺织业每实现亿元销售收入能提供就业岗位947个，全省全部工业每实现亿元销售收入仅能提供就业岗位366个。农产品加工业还是现阶段社会资本介入较多、民间创业比较活跃的领域。除饮料制造业和烟草制品业外，其他农产品加工业的非国有资本占比都在80%以上。

二、国内农产品加工业发展的基本态势

（一）产品结构多样化

随着经济发展与社会进步，人们的消费需求不断升级。安全、营养、方便成为人们的消费取向，消费的多层次和多样化推动着农产品加工业迅速发展。中国农产品加工业产品结构调整取得了较大进展，实现了由初级加工向精深加工的转变，农产品的综合利用也有了新的突破。

（二）研制开发系列化

由于农产品的加工程度决定着农产品的增值程度，目前要求农产品加工已越来越细化，精深加工层次越来越多，产品的研制开发呈现系列化趋势。一种农产品可开发出数百种甚至数千种不同类型、不同用途的加工产品。

（三）生产过程标准化

农产品及加工制品的生产以高度的标准化为基础，各类质量标准、检测标准和技术规程等都严格且具体，贯穿生产、加工、流通全过程，覆盖率达98%以上。近年来特别是加入世贸组织后标准化工作在中国得到了高度重视，农产品质量安全标准、检验检测、认证体系正在逐步建立和完善，农产品及加工制品的相关标准正逐步与国际接轨。

（四）企业规模大型化

近年来，农产品加工企业不断向大型化方向发展，其中，很多企业是跨国集团。世界食品加工企业50强中，年销售收入一般在100亿美元以上。最著名的200家食品加工企业的产值已占到全球食品产业总产值的1/3。中国农产品加工企业经过多年发

展，规模也在不断扩大。在中国工业企业500强中，农产品加工企业占1/7以上，出现了三元、伊利、夏进、双汇、蒙牛、旺旺、德大、希望等一批具有较大规模的企业。

（五）市场营销品牌化

随着消费者对品牌意识的逐渐增强，农产品的商标品牌已成为农产品走向市场的“通行证”，知名度高、信赖感强的品牌能够显著增强农产品的市场竞争力。发达国家和地区的农产品加工企业十分注重品牌经营，在优质生产、精细加工的基础上，通过精心包装、标牌销售将产品优势转化为品牌优势。目前，中国也已涌现出了双汇、莲花、兴发、金健、希望等市场占有率高的知名农产品品牌，许多大中城市纷纷开辟了品牌农产品、绿色食品专业营销网点和流通渠道。

（六）经营组织一体化

近年来，随着市场经济的发展，中国农业生产和加工紧密结合的农业产业化经营快速成长，已成为经济发展中的重要模式。学习发达国家组建由多个农业生产领域组成的完整产业体系。从事农业生产、加工和销售的经营主体在专业化的基础上，组成“农工综合体”、“农工商联合企业”，实行风险共担、利益共享的一体化经营。在一体化经营中，农产品加工企业是“龙头”，农业生产者主要是根据生产合同向农产品加工企业提供原料产品，后者则向前者提供相关服务。

第四节　服务业创业

服务业是指生产和销售服务产品的生产部门和企业的集合。服务产品与其他产业产品相比，具有非实物性、不可储存性和生产与消费同时性等三大特性。在我国国民经济核算实际工作中，将服务业视同为第三产业。

一、服务行业的项目选择

就我国而言，国家统计局在《三次产业规划规定》中将三次产业划分为：第一产业是指农、林、牧、渔业；第二产业是指采矿业，制造业，电力、燃气及水的生产和供应业，建筑业；服务业则包括 14 类，即交通运输、仓储和邮政业，信息传输、计算机服务和软件业，批发和零售业，住宿和餐饮业，金融业，房地产业，租赁和商务服务业，科学研究、技术服务和地质勘察业，水利、环境和公共设施管理业，居民服务和其他服务业，教育，卫生、社会保障和社会福利业，文化、体育和娱乐业，公共管理和社会组织及国际组织提供的服务。

以我国农民服务业就业取向来看，他们所从事的服务业主要有五大类。第一类以提供劳力服务为主，如家政服务、货物搬运、净菜等；第二类以提供技术服务为主，如教育培训、交通运输、医疗卫生服务、茶艺服务、农机农技服务等；第三类以提供信息咨询服务为主，如信息咨询与中介服务、农产品销售经纪等；第四类以提供住宿餐饮服务为主，如酒店餐饮、农家乐、观光休闲农业；第五类是其他涉农综合服务，如农村社区综合服务、农村生产生活合作经济组织等。

二、服务行业的创业举例

这里以农机出租服务为例予以说明。例如，购买一台 48 000 元的履带式油菜联合收割机，根据各地区不同可享受政府补贴 5 000～15 000元，实际购买价格在 35 000～40 000元。油菜收割机既可收割油菜，又可收割水稻麦，经济效益高，平均投资回收期在 1～1.5 年。

具体来说，收获季节每台收割机每天能收获农作物 30～40 亩，按照各地情况和收获机械竞争程度不同，每亩收割费用在 40～70 元。一个收获季节按照 10 天计算，每年稻麦油菜 3 个收获季节，稻麦两个收获季节可共获得 2 万多元收入，油菜因为收获周期短，可获得5 000～6 000元收入，再去除投入，使用柴油费用每亩（1亩≈667平方米。全书同）小麦5～6元，水稻7～8元，油菜8元左右，不计人工，3个收获季节可获得收益2万元左右。

跨区作业，收获时间长，收入更高。信息灵、善经营的购机农户6～7个月就可收回购机投入。

三、服务行业的创业风险

从事该类技术服务业也存在较多的风险，投资应谨慎。具体而言，存在于以下几个方面的风险。

一是教育培训行业的要注意管理风险与市场风险。例如，从事农村幼儿园经营管理，服务对象就是幼儿，这类人群是无行为能力的特殊人群，需要无微不至的照顾和看护。对于幼儿园最重要的是卫生条件、意外事故防范和疾病的防治。可以为幼儿购买相应的保险；此外，还有来自竞争对手的风险，如能在价格、办园特色、教学质量上下工夫，应会好于竞争对手。

二是从事医疗卫生（含兽医）业的要注意技术风险。此类业务服务对象是鲜活生命，在利用精湛技术进行准确诊断的基础上要谨慎治疗，忌冒险、忌贪功，一旦遇到超出自己医治能力范围及诊所医疗器械操作范围之外，要及时果断作出转至大医院（诊所）的决定。

三是从事农机农技服务与交通运输服务的要注意设备操作风险。首先要正确购买设备，对设备厂家、性能要有周详的了解；其次要争取国家的农机购机补贴；再次要注意定期检查设备，在正确使用的基础上注意设备保养，降低损耗。

第五节 信息服务创业的投入和收益

一、信息服务的创业项目选择

从实践中发现，农民经纪人主要有3类。

一是科技推广经纪人。农民盼望有一批懂技术的“土专家”、“田秀才”进入农村技术市场，这类以经纪人身份出现的农民凭着丰富的科技知识和社会实践经验，从一些农业科研单位引进新技术、新产品，使广大农民依靠科技增产增收。

二是农产品销售经纪人。目前一些农产品流通不畅，已直接影响到农民利益，农民希望有一批搞推销的经纪人为农民进入市场牵线搭桥。因此，这类经纪人善于研究市场信息，通过各种渠道与外地客商建立购销关系，当地的农副产品大都靠他们销售出去。

三是信息经纪人。由于发展农村经济离不开准确及时的商品供求和农业技术等方面的信息，因此，农民渴望有一批信息经纪人进入农村市场交流致富等信息。这类经纪人主要是把外地打工获得的致富信息向家乡反馈，帮助父老乡亲发展经济。

实践中，三类经纪人的界限不是非常明确，不少经纪人兼备其中的两个或者三个特征。经纪人之所以在农村经济中发挥重要作用，主要是因为农产品进入市场需要有合适的方式和渠道，作为单一经营的农民，因为信息缺乏、营销能力差，很难单独进入市场。而土生土长的农民经纪人具有信息、市场等资源优势，成为带领农民进入市场的最佳载体，农民经纪人通过提供有偿服务，在带动农民增收的同时，也给自己带来丰厚收入。因此，农民经纪人从事信息服务的市场前景比较看好。

从事信息服务的关键技术就是信息搜寻与获取、加工与处理。做好一个农民经纪人必须具备以下一些条件。

一是头脑灵活，信息灵通。这是基本条件。信息搜寻要借助信息工具，其中，互联网就是一个很重要的工具。农民经纪人最好能自己购置一台电脑，并装好网线，学会上网，从网上及时了解各类供需信息。同时，经纪人还要善于构建自己的信息发布网络，让自己所加工处理的信息及时向信息服务对象传达，以确保信息的及时性。

二是具有一定的营销能力和营销知识，掌握一些市场资源。从事经纪活动要自觉学习市场营销学知识，并定期到农村走动，了解农副产品生产加工情况，营建农副产品供给网；定期与客商沟通，了解外地市场销售情况，营建农副产品销售网。

三是具备一定的资金实力与融资能力。刚起步也可以通过借款或向信用社贷款。

二、信息服务创业的投资和收益

以农产品经纪人为例。信息服务创业需要投入的方面主要有：

（1）印制一批名片，大约需要50元。

（2）最好配置一台可上网电脑，用于发布销售信息和查询有关市场信息。约需要3 500元（购买时候，可参考家电下乡产品）。

（3）电话一部、手机一部，约需要1 000元。

（4）流动资金。根据情况可多可少，一般可准备2 000～3 000元启动。合计6 500元左右。

信息服务创业的收益视销售情况而定。刚开始因为没有打开市场，收益少，甚至亏损。过段时间，逐步积累了自己的资源，慢慢建立自己的资信，拥有一定的营销网络之后，收益一般在每年几万元以上，不同规模的经纪人，差别很大。

三、信息服务的创业风险

1. 信息风险

信息存在真伪之分，及时与否之分，因此，信息本身存在风险。这要求信息服务提供者在信息搜寻、信息处理方面多下工夫。

2. 经营风险

市场信息瞬息万变，以信息为服务内容的从业者必须具有良好的市场经营能力，最好能瞄准市场，构建良好的经营网络。

3. 信用风险

信息服务过程中，多以口头承诺、书面契约的形式出现，这要求信息服务的提供方与消费方都基于守信的原则，否则，信息服务无从进行下去。要降低信用风险，信息服务者首先要树立自己良好的资信与品牌，最好能与信息服务需求方建立和谐的业务往来关系，通过加强社会关系来夯实市场信用关系。

第六节　物流、旅游业创业

一、物流业的创业

近年来，随着“万村千乡市场工程”、“两社两化”等项目的实施和推进，我国农村市场体系得到较快发展。传统商业企业不断改造升级，国有、集体及各类非公有制经济成分繁荣活跃，成为农村商品流通的主体，农村商贸流通多元化发展格局初步形成。农村居民收入的稳步提高，交通、广播电视、电力、通信、网络等基础设施的完善，农村消费环境的日益改善，带动并扩大了农村消费。

但是，由于多年来受“重生产、轻流通”、“重城市、轻农村”等传统思想的影响，城乡之间商贸流通发展不平衡，城乡居民消费差距较大，农村商业相对于城市商业仍显落后。农村商贸发展中，仍存在着一些矛盾和问题：市场网络体系不健全，信息网络不完善，基础设施建设薄弱，结构性矛盾突出；流通主体规模小、实力弱，龙头企业培育不够，总体带动能力不强；现代化程度不高，信息不对称，城乡商品流通不畅；资源配置统筹不够，有限资源缺乏有效利用；农村服务不完善，不能满足广大农民需求；农村商贸人才匮乏，流通组织化程度不高；市场不够规范，竞争不尽公平，经营成本较高；农村消费不安全、不方便、不经济。

（一）如何经营农家小超市

1. 增加经营项目

由于农家小超市的局限性和发展的空间，应该把增加经营项目列为首位目标，切不可以惯有的经营方式进行。应该把一些以前没有但周围群众需要的经营项目纳入到新的经营当中来，从而达到提升整体经营业绩的目的。

2. 提高有效商品的引进

农家小超市商品定位都是一样的规模，一样的布置，而这种模式正是制约和影响其在社区发展的主要问题，应该突破这种经营方式，进行统一连锁地区划分的经营变动使门店在不同的社区范围内形成各自的特色格调，从而成为社区内的小型购物中心。

3. 增加消费者的入店次数

固定的消费群体以及固定的消费使得顾客已经形成—种潜在的消费时间段，例如：有人喜欢在周日进行统一购买，有人喜欢在周三进行购买等，那么就要突破这种消费的模型，使周围的消费者变每周一次为两次，这样就要前边两项的支持和配合才能把消费者吸引进来。

4. 进行商品的错位经营

所谓的商品错位经营就是指和竞争门店的商品进行错开，以顾客需求为主要目标，而与其他大型竞争者和小型竞争者之间实行错位经营，从而避免过多的竞争影响到毛利率的提升。

当然，以上提到的四点也不是很全面，比如在服务质量等方面也要进行必要的调整，总之从每个细节做起，超市的销售就会有所提升。

实例：浙江省临安市 2005 年就已经在浙江省山区县市中率先实现连锁超市乡镇全覆盖。过去，该市农村消费基本建立在以夫妻店、杂货店为主要支架的商品流通体系之上。这种夫妻店、杂货店店主一直沿袭传统的经营理念，注重商品销售和个人盈利，不注重购物环境和产品质量，存在诸多问题与不足。随着人们生活水平日益提高，农村现代流通网络建设的不断推进，农村超市开始走入百姓生活。如今，农村连锁超市（便利店）开到了每个行政村，店面统一标识，使用统一货架，统一服务标准，统一明码标价，购物环境更加舒适，卫生大大改善，已和城里的大超市没有任何区别。老百姓买得更称心了，用得更舒心了，吃得更放心了，经营者开店更顺心了，服务更热心了，农村商贸经济发展也更快了。

（二）如何经营便利店

近年来，由于大型卖场的数量不断增加，中小型卖场由于在商品品种以及经营项目的量小、经营理念的落后，加上经营成本居高不下，导致生存空间越来越小，从而引发了业态的变革，产生了居于超市和小型杂货铺之间的另外一种业态——便利店。

便利店主要是为方便周围居民而开设的一种小型超市，是生存于大型综合卖场及购物中心的商圈市场边缘的零售业。

便利店的经营应紧紧抓住大型卖场的市场空白点，为消费者提供一个方便、快捷的购物环境，以此来赢得消费者。

因为它具有超市的经营特点，便利店的经营成本价格优势及便利优势，迅速赢得了消费者的青睐，因而得以快速发展，并形成了连锁化经营。

便利店的经营面积一般在 60 ~ 200 平方米。一般都开在社区及路边人气比较旺的地方，以此来赢利。

便利店基本都是以销售日常食品为主，因此，装修以简洁实用为主。店前的地面平整，易搞好卫生，不至于使灰尘太多即可，一般会用素色地板或是直接使用水泥地面。店堂的色彩要求比较淡雅明快清新，店面地板以素色、浅色为主，一般使用乳白色或是米黄色的地板。便利店的招牌一般等同于店面的临街宽度，制作时不宜太豪华，只需符合自己特点，能有效地契合企业的经营特点，且能符合便利店本身的特征即可。

便利店的商品结构中，食品 50%，日用化妆品 20%，日用百货 20%，其他 10%，需单品数 2 000 ~ 3 000种。

（三）如何经营现代农村代销店

做好农村代销点，首先需要选择合适的企业来联合代销。可采用以下经营方法。

1. 易货

在农产品收获季节，连锁网点用农民需要的工业品换取农民生产的农副产品，商品各自作价，等价交换，自愿平等，诚信公平。这样，企业既可扩大工业品的销售，占领农村市场；又可收购到农副产品，满足企业在城镇的网点对农产品销售的需要，从而扩大企业经营规模。

2. 赊销

在农事季节，农民需要购买种子、肥料等农业生产资料，而此时往往又是农民“青黄不接”、手头缺钱的时候。农村连锁网点可根据农民的需要，组织相应的产品赊销给农民，等农民收获之后再付款。这可能占压企业较多的流动资金，增加财务成本。解决这个问题可考虑在赊销产品价格上与农民开诚布公地商讨，做到互利双赢。

3. 订单购销

订单购销的好处主要是能够建立相对稳定的购销渠道，保证供应链的衔接。可采用两种形式：一是企业向农民订购。对于本企业用于销售或提供给生产企业所需要的农副产品，在农民下种前就与农民签订收购合同，指导农民组织生产。在收获季节，企业按合同收购农民的产品，支付给农民现金。二是农民向企业订购。农民根据自己种植养殖或生活所需要的产品情况，委托企业连锁网点代为购买，网点再按市场价格出售给农民，满足农民生产生活需要。

农村连锁企业业务经营范围创新。农村消费者在空间分布上不集中，有些还生活在偏远山区，生产生活的需要使这些农民的消费具有多样性。从现实上看，农民购买生产生活用品，特别是“大件商品”存在很多困难，而企业设立连锁网点的成本高，农民需求类别多而数量小，取得效益很不容易。如果农村连锁网点单纯从事农副产品收购或仅向农民提供传统意义上的生产生活用品，经营传统的商业业务，显然不能很好地满足农民的消费需求，企业的效益也会受到影响，因此必须拓展新的业务。具体可采用以下方式：

(1)“一网多用”。“一网多用”可以解决农村流通及服务网点少带来的消费不便问题。企业在农村设立连锁网点，从事农资、日用品、农副产品购销业务。同时，与电信合作经营手机、手机充值卡业务；与银行合作在店内设自动取款机；与农村医疗机构合作，设立药品专柜；与电力部门合作，代收农民电费；与书籍批发商合作，代售各类图书等，充分发挥网点为农民提供全方位服务的作用。

(2)经营服务一体化。农村连锁网点除了出售商品外，还提供相关的服务，如出售电视机、手机等，为农民提供维修和保养；出售种子、肥料等，为农民提供科学使用方法指导；出售药品，请专业医生为农民提供咨询；部分商品的退换货等。通过这些服务解决农民购买的后顾之忧。

二、旅游业的创业

随着人民生活水平的提高和生活节奏的加快，越来越多的城市居民向往到安静的农村放松休息。双休日、端午节、中秋节等节假日，人们纷纷涌向乡村、田园，“吃农家饭、住农家屋、做农家活、看农家景”成了农村一景。

发展观光旅游业，投入可大可小。从小本经营角度出发，就是要充分利用现有的资源，如优美的自然环境、丰富的农业资源、较为宽裕的自住房和便利的交通来吸引游客。当然，最为重要的是有自己鲜明的特色。

农家乐与观光农业是相辅相成的，你中有我，我中有你，为了介绍方便，我们采用统分结合的方式来叙述。

（一）我国观光旅游农业的发展现状

在我国，观光旅游农业在20世纪90年代最先在沿海大中城市兴起。在北京、上海、江苏和广东等地的一些大城市近郊，出现了引进国际先进现代农业设施的农业观光园，展示电脑自动控制温度、湿度、施肥，无土栽培和新农特产品生产过程，成为农业生产科普基地。如上海旅游新区的孙桥现代农业园地、北京的锦绣大地农业观光园和珠海农业科技基地。近几年，由于人民群众的休闲需求，加上党和政府的积极引导和扶持，观光旅游农业在我国蓬勃发展起来。

（二）我国观光旅游农业的发展前景

1. 我国旅游业飞速发展为观光旅游农业提供了充足的客源

观光农业属于旅游业，其发展与旅游业的整体发展密切相关。1994年以来的有关数据显示，城镇居民旅游人次和旅游支出逐年递增，尤其近年随着假日经济的兴起又有大幅增长，旅游业保持了稳定而高速的增长，国内旅游有很大的发展空间。鉴于观光农业的特性，对其需求主要来自国内游客，因此客源有充分保证。

2. 观光旅游农业别具特色，是我国旅游业发展方向之一

（1）观光农业投入少、收益高。观光农业项目可以就地取材，建设费用相对较小，而且由于项目的分期投资和开发，使得启动资金较小。另一方面，观光农业项目建设周期较短，能迅速产生经济效益，包括农业收入和旅游收入，而两者的结合使得其效益优于传统农业。例如：农产品在采摘、垂钓等旅游活动中直接销售给游客，其价格高于市场价格，并且减少了运输和销售费用。

（2）我国地域辽阔，气候类型、地貌类型复杂多样，拥有丰富的农业资源，并形成了景观各异的农业生态空间，具备发展观光农业的天然优势。

（3）观光农业的一大特征是它体现了各地迥异的文化特色。我国农业生产历史悠久，民族众多，各个地区的农业生产方式和习俗有着明显的差异，文化资源极为丰富，为观光农业增强了吸引力。

观光农业是旅游这一朝阳行业中最有潜力的部分，在未来几年中将有巨大的市场机遇。

（三）农家乐的经营

开办农家乐投入少，门槛不高，利用自家的一些设施就可以开门揽客，但想把农家乐做大做强，却并不是一件容易的事情。

首先，找准市场需求、突出乡土特色。因为农家乐传播的是乡土文化，体现的是淳朴自然的民风民俗，盲目追求豪华高档，简单地把城里的一些娱乐项目搬下乡并不可取，必须依托当地文化，因地制宜。如春天组织游客踏青、欣赏田园风光，夏天到山林采蘑菇、避暑，秋天进果园摘果尝鲜，冬天到山野玩雪，赏雪景等。让游客参与到当地特有的农村日常生产生活中，品味原汁

原味的农村地域文化，这是一种独特的经营方法。

其次，确定消费群体、提高服务质量。目前，选择农家乐这种旅游方式的一般都是中等能力的消费者。为此，农家乐所提供消费服务要突出农家特色，价位要适度。尤其要注重饮食、住宿、卫生和环境安全，让游客吃得放心、玩得开心，乐于回头。

最后，找准发展方向、提倡产业经营。目前很多农家乐还是以散户农闲时经营为主，难显其优势。农家乐必须走产业化的路子，以村或者散户联合的形式，组成农家乐生态旅游村。联合接待，共同经营，相互依存，使旅游致富的蛋糕越做越大，农家乐才能真正“乐”农家。

简言之，开办农家乐的要诀是如何将游客吸引过来，并且使游客下次还来。

1. 创办农家乐的相关程序

各个地方创办农家乐的程序不一样，需要向当地有关部门咨询，一般有如下3项程序。

（1）对有条件、符合当地农家乐规划和区域布局、有意从事农家乐的业主，可向当地乡镇有关部门提出申请，初审后报县农家乐发展综合协调小组办公室（办公室一般设在县旅游局）。

（2）县农家乐发展综合协调小组办公室对照申办条件审核后，出具审核意见书。

（3）业主凭审核意见书到卫生、工商、税务部门办理相关证照。

①卫生局领取卫生许可证——工商部门办理营业执照——税务部门税务登记。

②规划部门备案——土地部门临时用地备案——水利部门备案——林业部门备案。

③环保部门审核、消防部门审核、其他部门审核。

④证照齐全后，经业主申请，县农家乐评定委员会给予认定，符合条件后颁发农家乐标牌和证书，即可营业。

2. 农家乐需注意的一些事项

从经济利益等方面考虑，农家不可能聘请专业厨师，更不可能去学习专业厨艺技能。但餐饮服务的水平又直接影响着农家乐旅游的发展，一般应注意以下几点。

（1）服务人性化。勤劳简朴、热情好客是中华民族的传统美德，特别是远离市场竞争的乡村，村民大多心地善良、淳朴憨厚。但是随着游客数量和接待次数的增加，许多开展农家乐旅游的家庭住户的管理人员（一般是户主）服务水平不高，服务意识不足，往往会造成无论是哪位客人的要求、不管是什么要求、能不能够达到的要求都满口答应。但是由于农家住户服务人员较少，一旦忙起来，客人的要求不能够及时满足或者先满足了那些无关紧要的要求，就会给客人不好的印象。其实，农家乐的服务人员不能一味迁就客人而勉强或为难自己，而要学会合理拒绝客人，尤其是在现有条件下很难满足的要求。同时在客人用餐时，服务人员不能走远，要及时为客人提供服务。

（2）器具统一化。与居家自用不同，游客用餐讲究的是协调与舒适。但许多农家乐餐馆使用餐桌、餐椅、餐具并不统一，往往在同一家可以看见颜色式样各异的桌子和椅子，一个餐桌上可以看到大大小小的盘子、高高低低的碗，塑料的、搪瓷的、铁质的一起上，给人以不整洁之感。因此，农家乐需要根据自己的接待能力配备相应数量的餐具和器皿，如果使用具有地方特色的餐具，效果会更好。

（3）卫生安全化。在农家乐的厨房里，生菜与熟菜要分开放置，饮用水源和清洁水要分开，放置面粉、米、油、调料等的储藏间也要防潮、防鼠、防霉变，同时仓库要禁止外人出入。

自然的家庭氛围，质朴的生活方式，文明的休闲内容，是农家乐吸引游客的特色。农家乐要吸引客人，用餐环境必须干净整洁，最好是有专门的餐厅，条件不好的也可以将自家庭院开辟出来，但需要做好灭蝇、灭蚊、防尘、防风沙等工作。不是越高档越好，菜的价格并不是越贵越好。农家乐的菜肴应以民间菜和农家菜为主，一定要突出自己民间、农家的特色，并且要在此基础上有所发展和创新。“农家乐”的菜肴要立足农村，就地取材，尽量采用农家特有的、城里难以见到的烹饪原料。除了农村特有的土鸡、土鸭、老腊肉、黄腊丁以及各种时令鲜蔬外，还应广泛采用各种当地土特产。

另外，在炊具的选择上，还可以采用当地传统的炊具，如鼎罐、饭甑等，这样就更具农家特色。

(4)“农家乐”的主食也应该充分体现出农家的特色。例如，“农家乐”的米饭就不应该是纯粹的大米饭，而应该做成诸如“玉米粒焖饭”、洋芋饭、糯米饭等。除了用电、燃气等烹煮外，还可以用柴火。

（四）观光农业

1. 观光农业的含义

观光农业是指广泛利用城市郊区的空间、农业的自然资源和乡村民俗风情及乡村文化等条件，通过合理规划、设计、施工，建立具有农业生产、生态、生活于一体的农业区域。由最初沿海一些地区城市居民对郊野景色的游览和果蔬的采摘活动，快速发展为在全国范围内全面建设观光农业。

观光农业以观光、休闲、采摘、购物、品尝、农业体验等为特色，既不同于单纯的农业，也不同于单纯的旅游业，具有集旅游观光、农业高效生产、优化生态环境、生活体验于一体的旅游休闲方式。它主要有以下几种形式。

（1）观光农园。在城市近郊或风景区附近开辟特色果园、菜园、茶园、花圃等，让游客入内摘果、拔菜、赏花、采茶，享受田园乐趣。这是国外观光农业最普遍的一种形式。

（2）农业公园。即按照公园的经营思路，把农业生产场所、农产品消费场所和休闲旅游场所结合为一体。

（3）民俗观光村。下面我们来看看因观光旅游而致富的乡村。重庆市大足县化龙乡，原系该县偏僻乡，自从1998年农户罗登强承包土地广种荷花，自建“荷花鱼山庄”开始，该乡发生了翻天覆地的变化。罗氏“荷花鱼山庄”种莲藕、睡莲300亩，每年可收获莲藕近50万公斤，价值70余万元；睡莲、荷花出口和内销，年收入15万余元；种各种果树近万株，产果30万公斤，荷田养鱼年产0.80万公斤。年接待中外游客4万余人次，餐饮收入130余万元。“荷花鱼山庄”年总收入可达215万元以上，与300亩稻谷生产（亩产价值320元计）年收入10万元相比，实现了20余倍的经济效益。

2. 发展观光农业的条件

（1）发展观光农业要有较丰富的农业资源基础。农业资源是农业自然资源和农业经济资源的总称。农业自然资源指农业生产可以利用的自然环境要素，如土地资源、水资源、气候资源和生物资源等。农业经济资源指直接或间接对农业生产发挥作用的社会经济因素和社会生产成果，如农业人口和劳动力的数量和质量、农业技术装备、交通运输、通信、文教和卫生等农业基础设施等。

（2）发展观光农业要有较丰富的旅游资源。观光农业的开发与本地旅游发展的基础密切相关。旅游发展条件良好的地区，其旅游业的发展带来大量的游客，才会有较多的机会发展观光农业。在分析区域旅游发展基础时，应着重考虑旅游资源的类型、特色、资源组合、资源分布及其提供的旅游功能，同时注意外围旅游资源的状况。

(3) 发展观光农业要有较明确的目标和市场定位。观光农业是按市场动作，追求回报率的，任何观光产品都应该具有市场卖点。就我国当前发展趋势来看，观光农业主要客源为对农业及农村生活不太熟悉又对之非常感兴趣的城市居民。因此，观光农业首先应当作为城市居民休闲的“后花园”，即市民利用双休日、假期进行短期、低价旅游，作为休闲娱乐、修身养性的好去处。

(4) 发展观光农业要有明确的区位选择。区位因素与游客数量具有正相关关系。成功的观光农业园应该选择以下几种区位：①城市化发达地带，具有充足的客源市场。②特色农业基地，农业基础比较好，特色鲜明。③旅游景区附近，可利用景区的客源市场，吸引一部分游客。④度假区周围，开展农业度假形式。

思考题

1. 简述服务行业的项目选择。
2. 简述信息服务的创业风险。
3. 简述创办农家乐的相关程序。

第八章　创办农业中小型企业

第一节　农业中小企业模式

农民通过创业来实现发家致富，实现自己的人生价值，归根到底还是要靠创办属于自己的经营实体，即创办属于自己的公司或企业。

一、企业和创业的概述

企业是从事生产、流通、服务等经济活动，以生产或服务满足社会需要，实行自主经营、独立核算、依法设立的一种盈利性的经济组织。如合伙制企业、个人独资企业、有限公司、个体工商户等。

创业是指通过寻找和把握机遇，创造出新颖的产品和服务，并通过市场扩展成企业和产业，从而实现其经济价值和社会价值的过程。创业就是激励自己，自己做老板，开发自己的潜能，从事生产、加工、运输、服务等活动的过程。

创办企业使我们的身份从一个生产者转变为经营者，从一个农民转变为企业主。

二、影响创业的五大理由

创业，只要选准方向，很多人都会成功，只是有些人前怕豺狼后怕虎，影响创业行动力，也就失去获取成功的最佳时机，未能成为幸运的宠儿。以下五种常见的理由，对创业者来说最为“忌讳”。

1. 没有足够的资金

创业并不需要太多的钱，许多创办大企业的成功人士，当初起家的时候不过几百元，甚至更少。如果钱太多了，也就无所谓创业了。

2. 没有稳赚的项目

如果想创业成功，不要过分计较项目好与不好，而要琢磨自己是否爱好这个行业、喜欢这个项目。如果具备这两个基本条件，好方法加巧手段，泥土也能变黄金。

3. 没有十足的信心

信心是制胜的法宝。在这种消极心态作用下，机遇与幸运也就擦肩而过。

4. 没有成功的经验

经验来自不断地摸索与积累，绝对没有哪个人天生下来就什么都懂、什么都会。但是，面对创业时，却有相当多的人在这方面犯迷糊。

5. 市场竞争太激烈

在这个社会，没有哪一行哪一业没有竞争。创业就必须到社会的浪潮中接受洗礼。只有竞争过才会知道自己与对手的差距、自己对市场的不足。

三、中小企业创业模式

创办企业的模式不外乎以下四大类。

1. 从打工做起的创业模式

以未来个人创业为目的的打工，第一步要做好正确的选择。要选择自己喜欢的事做，选择你所在地区有规模有优势的行业做。第二步要有目的地去学习和积累。要学习你所在公司和企业的管理知识、产品知识和营销知识，而不仅仅是你的岗位知识。第三步是充分利用好你的平台资源，广泛结交和积累人脉资源和其他资源，各方面条件充分成熟以后，再脱离打工，开创自己的事业。

2. 借鉴成功人士的创业模式

创业成功的一个有效秘诀就是跟对人，跟成功的人做事。在你有个人创业打算后，就要找一个成功的人，想方设法地结交他。要有目的、有准备地用心去学习成功人士如何做事、如何思考。要用心智去感悟成功人士是如何成功的，因为成功是有方法和途径的，要认认真真地帮助成功人士做事，成为成功人士的朋友，让成功人士能真心地帮助你、教导你。千点万点，不如明师一点。成功的最好的方法，就是重叠成功人士的脚印。

3. 从业务代表做起的创业模式

先确定一个你日后要经营的行业和产品，在这个行业中选择一个好的公司，然后去做这个公司的业务代表。在条件成熟后，从业务代表转换成代理商，开始自己的创业。

4. 摸石头过河的创业模式

这种模式能满足急迫实现梦想、自己当老板的渴望，但这是一条下策，这样的创业模式一定会走很长一段弯路，经历无数的挫折和失败。

四、创办中小企业的意义

首先，创办中小企业是实现人生价值的最好体现。创办个人企业可以最大限度地释放和发挥自己的潜能，在提供产品和服务的过程中创造财富，从而得到社会的认可和人们的尊重。

其次，创办中小企业是个人富裕、地区富强的重要举措。实现小康，富民是关键。只有自主创业，才能使我们家业殷实、企业兴旺、事业发达，小家和大家才能富起来。

第三，创办中小企业是解决自我就业、带动他人就业的最佳途径。

第二节　创办农业中小企业

一、创业前的准备

美国有统计表明，要成为企业家，失败率是99%，只有1%的企业家能在市场上生存5年或者更长时间。所以，投资者在投资创业前，一定要有比较充分的准备，不打无准备之仗。

（一）创办中小企业之前需要具备一些条件

创业者在创办企业之前，一定要有明确的企业的经营方向，再决定创业。创业之前需要具备哪些条件？你具备以下这些条件吗？

业务资源：赚钱的模式是什么？

客户资源：谁来购买？

技术资源：凭什么赢取客户的信赖？

经营管理资源：经营能力如何？

财务资源：是否有足够的启动资金？

行业经验资源：对该行业资讯与常识的积累。

行业准入条件：某些行业受到一些政策保护与限制，需要进入条件。

人力资源条件：是否有合适的专业人才？

（二）创业前要慎思

（1）我为什么要创业？是否有足够的决心？愿意承担风险吗？过去的利益是否舍得放弃？

（2）是否具备创业者应有的能力与素质？是否能承受挫折？是否具有综合全面的素质，或者说是否有专项技术特长？

（3）创业成功的核心资源优势是什么？我具备的条件是：足够的资本、行业经验、客户资源、技术创新、商业运作能力，与即将面对的竞争对手相比是否有明显的优势？

(4) 是否有足够的耐心与耐力度过创业期的消耗，估计通过多长时间走过创业瓶颈阶段？自己有多长时间的准备？

(5) 创业最大的风险是什么，最坏的结果是什么，我是否能承受？不要只想到乐观的一方面，对风险一定要有充分的心理准备，否则，一旦现实状况与想象不一样，就会造成信心动摇。

(三) 经营能力最重要

创业条件中资金虽然很重要，但不是至关重要的，最重要的是创业者个人的经营能力，特别是业务能力。

(四) 内部创业更容易

在创业者中，有几种成功的类型：自己从零开始独立创业成功者、有技术与他人合作成功者、在企业内部创业成功者。我认为第三种创业方式最容易成功。

(五) 创业的行业选择

永远选择自己最擅长的行业做。很多人创业是生存型业。因此，在创业之初，是无所谓事业的，创业选择极具盲目性，为创业而创业，在刚开始创业之前，进入什么行业、以什么为盈利模式都是一片茫然，这些都是创业失败的最大根源。

(六) 永远学习，做好失败的准备

创业必须贡献出时间，付出努力，承担相应的财务的、精神的和社会的风险，并获得金钱的回报、个人的满足和独立自主。而且，要做好随时失败的准备。

二、选择创业项目

(1) 要拓宽选择项目的渠道。对一般的创业者来说，可以从互联网、财经报刊、朋友和熟人、投资贸易洽谈会、展览会、工商协会、专利部门、经销商和批发商、政府有关部门等处获得项目信息。

（2）要有正确和先进的项目理念。选择的项目与自己过去的从业经验、技能、特长和兴趣爱好越吻合，则越有内在和持久的动力，成功的可能性越大。要记住“只有不景气的企业，没有不景气的行业”。

（3）创业项目多多少少都要有一点创新。最好把现有各个领域先进性的东西组合到自己的项目中来，走“组合创新”的道路。

（4）当项目信息扑面而来的时候，不要任何项目都舍不得丢弃，要建立一套项目筛选机制。项目的选择过程包括项目的产生、分析、筛选和检验，要找出最适合自己的好项目，提高创业的成功率。

三、制定创业计划

在寻找到创业项目之后，距离创业成功还很远，还必须考虑合适的创业模式、恰当的人员组合和良好的创业环境。制定创业计划，就是使创业者在选定创业项目、确定创业模式之前，明确创业的目的和手段，这往往会起到“磨刀不误砍柴工”的效果。

1. 创业计划书的作用

创业计划书的好坏，往往决定了投资交易的成败。对初创的风险企业来说，创业计划书的作用尤为重要，一个酝酿中的项目，往往很模糊，通过制订创业计划书，把正反理由都书写下来，逐条推敲，创业者这样就能对这一项目有更清晰的认识。

2. 怎样写好创业计划书

那些既不能给投资者以充分的信息，也不能使投资者激动起来的创业计划书，其最终结果只能是被扔进垃圾箱里。为了确保创业计划书能“击中目标”，创业者应做到以下几点：关注产品、了解市场、了解对手、表明行动的方针、展示你的管理队伍、出色的计划摘要。

3. 创业计划书的内容

主要包括以下几项：计划摘要、产品（服务）介绍、人员及组织结构、市场预测、营销策略、制造计划和财务规划。

4. 检查

在创业计划书写完之后，创业者最好再对计划书检查一遍，看一下该计划书是否能准确回答投资者的疑问，争取投资者对本企业的信心。

四、实施创业计划

1. 实施创业计划前的准备

包括资金筹备、人员安排、场地选择、经营准备。

2. 实施创业计划的基本程序

包括选择公司的形式、注册公司。

五、适时开业

开业前的宣传造势以及开业期间的宣传和促销在很大程度上影响到厂或公司开业后的经营状况。因此，一定要做好开业的策划方案，选择合适的开业日期，创造一个良好的开端，为长期发展奠定坚实的基础。

第三节　农业中小企业的运营

一、初创企业的融资

对于初创企业来说，资金永远是最大的“痛”。企业缺钱，渴求资金，可银行只会锦上添花，不会雪中送炭。开始创业的时候，其实是很难的。一般融资有两个方面，一个是找创业资金、投资家，二是找与政府合作的创业资金，国家协助，另外亲戚朋友也是一个资金来源渠道。中期阶段，如果银行可以贷款的话，找银行是有好处的。政府能提供的服务是有限的，中小企业中有许多好的项目，但如何俘获资本芳心，需要中小企业自身多动脑筋，不能等、靠政府来帮助。创业者要做一个能够让资本心动的企业领导人，一定要让投资资本感到给你投资有钱赚。同时还需要一个良好的包装，用一个创新的概念来做传统的工作。最后要拿业绩说话，要能够兑现你的承诺。能够拥有以上三点的企业一般都会解决融资问题。

二、中小企业的经营

中国的中小企业的数量占据了中国企业数量的绝大部分。目前，全国中小企业总数达 27.3 万家，但大多数企业管理水平不高。管理水平的高低是企业赢利能力高低的直接原因，所以中国的中小企业在未来急需提高管理水平。下面浅谈一下企业的经营问题。

1. 市场竞争策略

有人说市场就像染缸，根据颜料的颜色而改变。企业家需要根据参与市场竞争的产品、行业的趋势、市场的容量、环境的优劣、地方的消费习惯和风俗、消费群细分、渠道的差异等来制定市场竞争的制胜策略。20 世纪末，名不见经传的汇源果汁进军西安市场的时候，容氏果汁在 1996 年就红遍了整个西安城。面对强大的竞争对手，汇源安排人员深入市场做调查，发现容氏主要是集中在 A、B 类大型卖场和传统的批发渠道，学校和传统的零售店的份额较小。经过调研，决定利用人海战瞬间将汇源的产品免费铺到学校、便利店的柜台，利用渠道差异几乎在一夜之间占据了西安的市场。

2. 企业的战略规划

对一个企业来说，战略规划相当重要，换句话说，企业未来想达到一个什么样的规模，想通过什么样的途径来完成，也就成了计划、执行、修正、再执行的问题。而大多数老板对规划只是初级的幻想或梦想，总是人云亦云，根据一时的喜好，因为在实施规划过程中，老板更关注的是短期利益。对短期利益的追求使企业陷入非良性的市场运作，逐步地丢失市场，直到最终葬送企业的前途。所以说，人无远虑，必有近忧，作为老板，根据企业的状况制定合理的近期和长远目标，选准适合企业自身发展的文化理念，确定适合企业发展的经营管理理念就显得非常重要了。

3. 企业的融资环境

中小型企业为了获得成本上的优势，只有一条路可以走，那就是扩大市场份额，扩大生产规模，实现规模经济。这样一来，资金就成了困扰企业家的主要难题之一。大多数企业认为融资难主要来源于企业内外的环境因素。中小企业资金的50%来源于企业的自有资金，20%来源于银行的借贷。为了增加市场的竞争机会，只能通过企业内部以及市场的塑造赢得信用，通过外部环境来赢取资金。需要通过良好的用人机制，通过上述系列的调整来增加管理的砝码，以此增加市场份额，最终获得利润。

4. 战略实施程度

每一次战役的胜利都是指挥官和士兵努力的结果，每一项策略的实施同样需要团队来完成。现在很多中小企业的老板认为，结果的好坏都在营销，其实不然。整个企业的供应、生产、财务、内勤、销售是一个链条，任何一个环节出了问题，最终都会对结果形成影响。

5. 企业的自主创新能力

企业技术的创新、设备的改造、产品的创新都会直接促进生产力的提高、产品质量的稳定，而生产力的提高、产品质量的稳定最终会帮助企业赢得市场。但是，我们看到大部分中小企业的产品都是在市场上跟风，依据行业内较强、较大的企业产品为标杆，进行模仿，没有属于自己企业的品牌和产品，短期的利益驱动最终战胜了企业将来市场的定位，以至于遇到困境只能坐以待毙。如河南正龙食品有限公司，通过牛肉面、大骨面来塑造营养型油炸食品，最终通过产品概念的创新赢取市场份额。而广东新锦丰食品有限公司，一味地跟风白象的牛肉面、大骨面，甚至连名称都是一样的，最终呢？不仅迎来了和白象的一场官司，连自己味之家的市场地位都受到了严重影响。

6. 员工的文化素质

对于中小型企业，员工的组成无非就是老板的亲戚、朋友、左右邻居，外加一层就是当地廉价的生产工人。这样的企业没有基本的文化理念，没有适合市场的人员淘汰机制，没有人员的培训机制，没有合理的竞争机制，甚至没有合适的责权利的划分。

三、在经营中创造新的机会

市场竞争的实例告诉我们，市场领先者与追随者的竞争优势不大一样，谁领先谁主动，谁就是赢家。综合市场营销、争取领先的机会很多：任何产品的不足、顾客的不满、消费口味的改变、环境和政策的变化、家庭经济收入的改变、新科技和新知识的应用、多种文化的组合、多种学科的综合等等，都会产生新的市场营销。

从市场供需矛盾转化中争取主动。任何产品都有其生命周期，任何一个企业都不可能永远依靠现有产品过日子。因此，企业必须密切关注和研究市场的变化，并善于分析这种变化给企业造成的机会和威胁，迅速地促成企业内部条件——可控变数：产品、价格、地点、促销，企业外部环境——不可控变数：人口、经济、自然、技术、政治和法制、社会和文化环境与之相适应，便可获得市场竞争的主动权。

同时，要看到商品的供需平衡是相对的、暂时的，而不平衡却是绝对的、长期的。因此，市场上的产品畅销与滞销同时并存是正常的。有时某一产品由于畅销而形成购买热浪，这样就人为地拉动原有市场供给的空间布局，促使供给偏向一极，势必造成新的需求区域。针对这种规律性的市场变动情况，企业应及时研究预测潜在的市场变化，培育自己的潜在市场。

四、规避农业企业的经营风险

农业企业的生产运营过程集自然再生产和经济再生产于一体，这导致农业企业面临的风险具有自身的行业特征。

（一）农业企业风险类型

按照风险形成的不同层次，农业企业的风险可分为三类，即自然环境风险、市场环境风险和企业内部风险。这三个层次的风险具有很强的整体性和关联性，很难将其割裂后进行孤立的理解和管理。

1. 自然环境风险

（1）自然资源风险可以理解为正常条件下的自然环境风险。农业企业生产的自然特性与其所占用资源的量、质和地理位置都密不可分，并在很大程度上直接决定了农业企业经营业绩的好坏。

（2）自然灾害风险可以理解为异常条件下的自然环境风险。由于农业的生产特性，自然因素对农业的影响相比其他行业更为敏感和严重。我国幅员辽阔，气候变化大，灾害种类多且发生频繁，这都给农业生产带来了巨大的损失。自然灾害一方面会影响农业企业的产量，另一方面还会影响农业企业的产品质量，这都会增加农业企业的风险，造成农业企业效益不稳定。

2. 市场环境风险

（1）政策体制风险。对农业生产而言，一个主要的风险源于不稳定的政策环境。现阶段我国农业正处于转型时期，农业政策的稳定性较差。整体而言，农业政策的调整总是朝有利于农业经济发展的方向进行，但就个体而言，它不可能对每一个农业企业都有益。

（2）市场竞争风险。在一定的政策体制下，市场竞争主体行为的相互影响也将给农业企业带来风险。对农业企业而言，购买者的产品需求的不确定性影响着企业的销售风险，而供应商因素则影响着农业企业的采购风险，这都需要农业企业关注供应链上下游的产品质量和供给周期问题。同时，潜在的进入者、替代品生产者、互补品生产者和业内企业则一起决定了农业企业所在行业内竞争关系的变化。

3. 企业内部风险

（1）观念风险。一般而言，管理者忽视危机的征兆、不重视对风险的监测都是因为企业未能对不确定性做出恰当和及时的反应。可以说，风险观念落后是我国农业企业内部风险的重要组成部分。

（2）技术风险。农业企业往往是新技术应用的载体，但新技术优化农业自然再生产过程是有条件的。农业企业生产对象（植物和动物）的状态是不稳定的，这决定了农业企业生产技术的一系列特点，包括生产对象的不稳定性、区域环境的适应性、操作者水平的差异性。

（3）管理风险。农业企业的管理风险可以分为3个层次：首先，在人员组织方面，农业企业生产人员的来源、生产和管理人员的素质以及技能都不易把握和提高，这使得农业企业难以优化和实施有效管理。其次，在生产经营方面，农业自然再生产的特点决定了农业企业生产的原辅料以有机的、生物的或化学物料为主，因此，运输、存藏和使用这些物料的工艺难度相应较大，这构成了农业企业生产营运方面的不稳定因素。最后，在财务运作方面，农业企业的资本结构、资产结构、财务信息的透明、财务人员的职业操守也都加大了农业企业的内部管理风险。

（二）规避农业企业的风险

农业企业应结合实际情况确定适当的风险应对策略。风险应对策略可以分为规避风险、减少风险、共担风险和接受风险四类。针对没有超越自身风险容忍度的事项，农业企业可以采取风险接受策略，例如对一定的自然灾害风险的承受；而在迫不得已时，农业企业则采取规避风险策略，这主要是指撤出高风险领域。总体而言，农业企业最主要的风险应对策略是减少风险和风险共担。

减少风险和共担风险策略可以从战术和战略两个层面进行。在战术层面，农业企业可以采用订单农业、期货工具（包括天气期货）、保险（含产量保险和收入保险等）和控制财务杠杆等措施。在战略层面上，农业企业可以采用多元化和产业链风险管理措施。多元化风险管理措施是指充分利用生产和加工相关程度较低的农业和农副产品以分散风险。通过进行投资组合，达到在相同期望收益情形下组合风险最小或相同组合风险情形下期望收益最大的目的。产业链风险管理措施是指通过将整个农业生产过程分为产前、产中和产后3个环节，将不同类型风险在整个链条中进行分解，通过明确不同环节的主要风险类型及其作用机制，寻求不同的风险管理方式，然后进行有效的风险组合管理，实现降低农业企业风险的目的。对农业企业而言，以上战术和战略两个层面的措施应该结合使用。

思考题

1. 简述中小企业创业模式。
2. 如何规避农业企业的经营风险？

第九章　农产品营销

第一节　市场、农产品营销概述

农产品经营者首先要了解什么是市场、什么是市场营销等基本知识，树立现代市场营销理念，在此基础上搞好市场调研，寻找市场机会，确立自己的目标市场。

一、市场

在市场营销学中，市场就是指有能力并且愿意购买某种商品的所有顾客。

用公式表述，即：市场＝人口＋购买力＋购买欲望。

人口、购买力和购买欲望这三要素是互相制约，缺一不可的。只有将这三者结合起来才能构成现实的市场。

二、农产品营销

农产品市场营销就是指为了满足社会上人们的需求和欲望而实现农产品潜在交换的活动过程。或者说，就是指农产品生产者与经营者，按照市场的需求生产农产品，然后拿这些产品换取利润的一系列活动。

三、农产品营销观念

1. 市场营销观念

随着社会生产力迅速发展，产品技术不断创新，新产品竞相上市，工业品和消费品供应量迅速增加，造成了生产相对过剩，市场已经由卖方市场转变为买方市场。许多企业开始认识到，以往单纯以卖方为中心的观念已不再适应市场的发展，它们开始重视消费者的需求和欲望，并研究其购买行为，正确选择为之服务的目标市场。其具体表现是：顾客需要什么，企业就生产供应什么。

2. 生态营销观念

生态营销观念认为，企业如同生命有机体一样，要同其生存的环境相协调。强调企业要把市场的需求同自身的优势结合起来。企业既要满足以市场需求为中心，又要充分发挥自身优势，扬长避短，实现与经营环境的平衡，保证企业的生存和发展。

在农村，我们经常会看到这样的现象，什么东西好卖了、值钱了，大家就都一窝蜂地去种、去养，而根本不考虑自己是不是掌握了相应的技术，是不是有相应的种养条件，结果种出来、养出来的农产品品质很差，缺乏竞争力，很难卖出去。

3. 社会市场营销观念

社会市场营销观念产生于20世纪70年代，当时全球资源短缺、通货膨胀、人口爆炸性增长、失业增加、环境污染等问题日益严重，在环境保护浪潮的冲击下，要求企业在满足消费者需要的同时顾及消费者整体与长远利益，即社会利益的呼声越来越高。在这样的社会历史背景下，1971年，杰拉尔德·蔡尔曼和菲利普·科特勒提出了“社会市场营销观念”的理论。

社会市场营销观念是对市场营销观念的修改和补充，它要求企业在开展市场营销活动时要统筹兼顾3个方面的利益，即企业利润、消费者需要的满足和社会利益。

第二节　农产品组合营销

一、农产品品种开发

1. 农产品品质的开发

农产品是人们赖以生存和生活的必需品，农产品质量的高低直接关系到人们的身体健康和国民经济的持续发展。随着人们生活水平的提高，消费者对农产品的品质的要求越来越高。而在市场上，由于种种原因，导致农产品的质量存在着这样那样的问题，使得人们谈吃色变。“餐桌污染”成了人们最为关注的话题，消费者也越来越关注绿色、无公害农产品的生产和消费。

基于此，农产品生产者首先应当了解农产品质量标准和质量认证的有关规范，掌握农产品质量检验的一般方法，明确农产品质量开发的内容，提高农产品的营养价值、营养成分含量，降低有害物质的残留量，切实按照《农产品质量安全法》的有关规定和要求生产农产品。

2. 农产品品种的开发

对于农产品而言，消费者不仅关心其营养价值，同样也关心其外观。农产品如果能不断地推出新的式样、花色和规格，就一定会受到消费者的青睐。如以前北京大兴县开发出来的方形西瓜，顺义县开发的五彩柿子椒，还有现在市场上经常可以看到的微型瓜果等等。我国在加入 WTO 后，面临着来自国外的农产品的激烈竞争，除了要保持我们的价格优势外，也要不断地开发新的品种，以增强我们的竞争力。

3. 绿色农产品开发

绿色农产品是指遵循可持续发展原则，按照特定生产方式生产，经专门机构认定、许可，使用绿色食品标志，无污染的安全、优质、营养的农产品。如绿色小麦、绿色水稻、绿色蔬菜、绿色水果、绿色畜禽肉、绿色水产品等。

随着我国国民经济的飞速发展，人们的生活水平越来越高，对自身的健康日益重视。与此同时，环境污染尤其是“餐桌污染”也越来越严重。这促使人们更加关注绿色农产品的生产和消费。绿色农产品的开发和生产已经成为农产品生产和经营的必然趋势。现在，绿色有机农产品的生产已经越来越成为各级政府和龙头企业的共识和重点发展项目。

二、农产品品牌开发

品牌是商品的特定名称，用来识别不同生产商或经销商所生产的产品，它包括品牌名称和品牌标记两部分。品牌是一种无形资产，可以增加产品的价值。一个名牌产品可以带动一方经济，一个名牌可以振兴一个企业。对于农产品而言，品牌的开发尤为重要。从目前来看，我国农村各地的农产品品牌比较少，有竞争力的知名品牌更是少之又少。今后，各地应该结合市场需求和自身实际情况开发出有自己特色的农产品品牌。

在农产品品牌建设和开发过程中，应注意以下几个问题。

（1）要有一个好的品牌名称和醒目易记的品牌标识。

（2）要提高商标注册意识，注重品牌保护，维护品牌信誉。

（3）加强品牌延伸和推广，使同一品牌农产品的品种不断增加。

（4）品牌名称应该容易译成外文，且不易产生歧义，这样有利于农产品的出口外销。

三、农产品包装

农产品包装是指为农产品设计和生产容器或包扎物的行为。

（一）包装的基本作用

1. 保护商品

因为农产品在运输、储藏和配送等过程中易损坏，所以在包装设计上要按照农产品的特点加以设计和制作。

2. 便于流通

很多农产品在流通过程中容易损坏或腐烂变质，良好的包装有利于其进行储存和运输。

3. 促进销售

通过包装，可以改进农产品的外观形象，吸引消费者的注意，促进消费者的购买。

4. 提高商品价值

优良的包装可以给消费者以美感，可以提升农产品的档次，使消费者愿意以较高的价格购买，从而提高农产品的身价，提高其附加值。

（二）农产品包装的基本原则

（1）包装应该与农产品的价值或质量相适应。也就是说一级品要用一等包装，二级品要用二等包装，不能混为一谈。

（2）包装应能显示农产品的特点和独特风格。

（3）包装应方便消费者购买、携带和使用。这就要求包装有不同的规格和分量，适应不同消费者的需要。包装既要保证密封性，又要便于开启和使用。

（4）包装上的说明应实事求是。如农产品的产地、成分、性能、使用方法、数量、有效期限等要符合实际，以增强顾客对商品的信任。

（5）包装装潢应给人以美感。

（6）包装装潢应尊重民族习惯。包装袋装潢上的文字、图案、色彩等不能和目标市场消费者的风俗习惯、宗教信仰等发生抵触。

（三）农产品包装策略

1. 统一包装

企业生产的各种农产品在包装外形上采用类似的图案、近似的色彩、共同的特征，使顾客容易联想到是同一企业生产的，有利于新产品的推出。其优点在于能节约包装的设计和印刷成本，树立企业形象，有利于新产品的促销。该策略一般只适用于品质较为接近的产品，如果企业的各种产品品质过分悬殊，有可能影响到优质产品的声誉。

2. 组合包装

又称配套包装，是指按照人们消费的习惯，将多种相关产品配套放置在同一包装物中出售。如工具箱、救急箱、化妆包、针线包等。这种策略可以方便消费者的购买和使用，有利于促进企业产品销售。但要注意的是不能把毫不相干的农产品搭配在一起，更不能乘机搭售积压或变质农产品，坑害消费者。在市场销售的实践中，一部分果农别出心裁地把自产的苹果、酥梨、葡萄进行组合包装，消费者只要买上一箱，就可品尝各种水果的美味，效果非常好。

3. 多用途包装

又称再使用包装、复用包装，是指原包装内的商品用完后，包装物还能移作他用，如啤酒瓶、喝完之后可以做水杯使用的果汁瓶等。这种策略可以节约材料，降低成本，有利于环保；同时，包装物上的商标、品牌标识还可起到广告宣传的作用。

4. 附赠品包装

是指利用顾客的好奇和获取额外利益的心理，在包装物内附赠实物或奖券，来吸引消费者购买。如在果汁饮料或食品包装里放入图片或小型玩具等。有的果农在水果箱里附赠一把削皮刀，也起到了很好的促销效果。

5. 等级包装

又称多层次包装，是指将企业生产的农产品分成若干等级，针对不同等级采用不同的包装，使包装的风格与产品的质量和价值相称，以满足消费者不同层次的需求。如对送礼的商品和自用的商品采用不同档次的包装等。这种策略能显示出产品的特点，易于形成系列化产品，便于消费者选择和购买，但包装设计成本较高。

6. 绿色包装

又称生态包装，是指包装材料可重复使用或可再生、再循环使用，包装废物容易处理或对环境影响无害化的包装。随着环境保护浪潮的冲击，消费者的环保意识日益增强，绿色营销已经成为当今企业营销的新主流。而与绿色营销相适应的绿色包装也成为当今世界包装发展的潮流。实施绿色包装策略，有利于环境保护以及与国际包装接轨，易于被消费者认同。如某食品企业将产品包装由塑料改为纸等。

7. 改变包装

又称改进包装，是指企业产品的包装要适应市场的变化，不断加以改进。当一种包装形式使用时间过长或产品销路不畅时，可能会使消费者产生审美疲劳，这时就可以考虑改变包装设计、包装材料。使用新的包装，可以使消费者产生新鲜感，促进产品销售。

四、农产品定价策略

（一）新产品定价策略

根据新产品在投放市场时定价水平的高低，一般有两种定价策略。

1. 撇脂定价

撇脂定价策略又称高价策略，就是将新上市产品的价格定得较高，以便在短期内获取尽可能多的利润。当销售量下降后可以采取选择的办法去吸引价格敏感层次的顾客购买。犹如从牛奶中撇走奶油一样，故称撇脂定价策略。使用这种策略必须具备四个市场条件：一是农产品要有特色，产品质量与高价相符；二是有足够多的顾客能接受这种高价并愿意购买；三是竞争者在短期内很难进入该产品市场；四是企业的生产能力有限，难以应付市场需求，可以用高价限制市场需求。这种定价策略适用于有明显技术优势或组织优势的产品。

2. 渗透定价

渗透定价策略又称低价策略。它将新上市产品的价格定得较低，让市场容易接受，在短期内迅速占领市场并打开销路，待站稳市场后，再逐步提高价格。犹如往海绵里渗水一样，故称渗透定价策略。采取这种策略必须具备三个市场条件：一是市场规模较大，需求价格弹性大；二是产品没有特色；三是能够“薄利多销”。其缺点是，投资回收期长，见效慢，价格变动余地小，但这种定价有可能形成消费者对产品“低价劣质”的品牌形象。

（二）心理定价策略

心理定价策略，是指企业定价时利用消费者不同的心理需要和对不同价格的感受有意识地采取多种价格形式，以促进销售。常见的心理定价策略有以下几种。

1. 尾数定价策略

也称零头定价，就是定价时故意保留小数点后的尾数，增强消费者对定价的信任感，并感到价廉的一种定价方法。如本应该定价为6元的商品，定价为5.9元。这种定价方法适用于需求弹性较强的商品。尾数定价法往往能带来需求量大幅度的增加。

2. 整数定价策略

整数定价法就是采取合零凑整的办法，把价格定在整数或整数水平上，给人以较高一级档次产品的感觉。如将价格定在1 000元，而不是990元。这是因为一些消费者认为较高档次的产品能显示其身份、地位等，能得到一种心理上的满足。这种定价主要适合于技术含量较高、单价较高的商品。

3. 声望定价策略

是指针对消费者“一分钱一分货”的心理，对在顾客心目中享有声望、具有信誉的产品制定的较高价格的策略。它主要是利用消费者崇尚名牌的心理来进行定价，这样的消费者往往以价格判断质量，认为高价格代表高质量，“便宜没好货，好货不便宜”。

4. 习惯定价策略

是指按照消费者的习惯标准来定价。日常消费品一般采用习惯定价。因为这类商品一般易于在消费者心目中形成一种习惯性标准，商品的价格稍有变动，就会引起顾客不满；提价时，顾客容易产生抵触心理，降价时，顾客则会认为质量出了问题。因此，这类农产品价格要力求稳定，在不得不调价时，应采取改换包装或品牌等措施，并引导消费者逐步形成新的习惯价格。

5. 招徕定价策略

是指将产品价格调整到很低，甚至低于成本费用的程度，以招徕顾客，从而促进其他产品销售的一种定价策略。如在节假日期间，一些超级市场和百货商店采用对几种商品进行超低定价、打折等促销手段，以招徕顾客。这样顾客多了，不仅卖出去了低价商品，更主要的是带动和扩大了一般商品和高价商品的销售。

（三）折扣（折让）策略

折扣和折让都是变相的降价，俗称打折，但两者有所不同：折扣是比原定价格少收一定比例的现款，折让则是用其他东西替换，从而比原定价格少收一定数量的价款。其主要形式有以下几种。

1. 现金折扣

这是企业给那些提前付清货款的顾客的一种减价。例如：顾客在 10 天内付清货款，给予 20% 的折扣，在 20 天内付清货款，给予 1% 的折扣，在 30 天内付清货款，则全额支付。西方国家许多行业，大都采用这种做法。其目的是尽快收回资金，减少坏账损失。

2. 数量折扣

这是企业给那些购买数量较大的大客户的一种减价。主要是鼓励顾客多购货物。例如：顾客购买某种商品 50 件以上，每件 70 元；购买 50 件以下，每件 80 元。这种折扣通常有累计折扣和非累计折扣两种方式。累计折扣，规定在一定时期内（如半年），同一顾客购买商品累计达到一定数额时，按总量给予一定的折扣；非累计折扣是指顾客当次购买达到一定数量时所给予的价格折扣。

3. 功能折扣

功能折扣又称贸易折扣、交易折扣，这是给中间商的一种折扣，其目的是给中间商一定的赢利空间，以鼓励中间商乐于同自己进行交易。

4. 季节折扣

生产经营季节性商品的企业，为了鼓励购买者购买过季商品与服务所给予的价格折扣。例如：旅馆、航空公司在营业淡季时给旅客以季节折扣。

5. 心理折扣

心理折扣就是经营者故意把商品价格定得很高，然后再大幅度降低出售，使顾客心理上产生非常便宜的感觉。一般中间商大都采用这种策略。

五、农产品分销策略

（一）分销渠道的含义

分销渠道，又称为销售渠道、流通渠道，是指农产品或者服务从生产者向消费者转移时，取得这种产品或者服务的所有权或者帮助转移所有权的所有组织和个人，主要包括各种代理商、批发商和零售商。分销渠道是市场营销实践活动中最为关键的环节。

（二）分销渠道的功能

1. 沟通信息

通过收集营销环境中有关潜在与现实顾客、竞争对手和其他参与者的营销信息，对之进行分析、研究、整理，为制定计划和进行交换做准备。

2. 促进销售

设计有关农产品的沟通资料、信息和方法，向潜在消费者进行劝说，吸引他们购买。

3. 洽谈生意

寻找可能的消费者就有关价格和其他交易条件进行磋商，竭力达成最终协议，实现产品所有权的转移。

4. 整理产品

按照消费者的要求，提供适当的农产品，包括分级、分类、包装及种类组合等活动。

5. 资金融通

为补偿渠道工作的成本费用而对资金的取得、支出和周转。

6. 承担风险

承担与农产品或服务工作有关的全部风险。

7. 储存运输

从事农产品的储存和运输工作。

（三）农产品的分销渠道设计

一般来说，间接渠道是大多数农产品分销的主要方式。所谓间接渠道，是指有一级或多级中间商参与，产品经由一个或多个商业环节售给消费者的渠道类型。这是因为通过有专业化职能的中间商分销产品，能获得更大的比较效益。但是对一些易腐、易损及鲜活农产品主要还是通过直接渠道来完成。如果能有较长的保存期，销售的季节性也比较强，一般应充分发挥中间商的调节作用，以均衡生产，所以宜采用较长的分销渠道，如水果销售。鲜活农产品的渠道应短而宽，其他农产品要根据其特点和营销需要来选择。

六、农产品促销策略

1. 广告促销

即农产品生产者支付一定的费用，通过报纸、杂志、广播、电视、网络等大众传播媒体或广告牌等形式向目标顾客传递信息，吸引其购买产品。在做农产品广告时，要注意：①农产品生产具有季节性，其广告也有季节性；②农产品销售利润一般比较低，广告促销费用不能高。一家一户单独做广告显然划不来，可以通过政府部门或者相关经济合作组织或者是农户之间联合起来开展。

2. 人员促销

人员推销是指农产品生产者利用推销人员推销农产品。可以是派出推销人员与客户或消费者直接面谈交易（上门推销），也可以是在适当的地点直接设立销售门市部，安排营业员向购买者推销产品（门市推销）。要注意培养合格的推销人员，调动推销人员的积极性。

3. 营业推广

营业推广是农产品生产者为了正面刺激消费者的需求而采取的能够迅速产生激励作用的各种促销措施，包括会员卡促销、直接邮寄、参加农产品展览会、赠送样品或免费品尝、送赠品或有奖销售、打折销售等多种方式。其中，会员卡又称社员卡，是指消费者持有某一销售部门的一种购物卡，即成为其会员，持卡在该部门长期购物可享受一定的优惠。具体的优惠措施有：持卡购物打折、年终按卡上购物总额退给一定比例的现金、节日赠送会员礼物等。应用会员卡促销，应从农产品的营销特点出发，一般主要发给中间商、农产品加工企业（如面粉厂、酒厂、罐头厂等）和消费大户（如大饭店、宾馆、学校、部队等）。直接发给消费者的目前较少。如果是参加农产品博览会，要注意这么几个问题：一是参展的农产品应有特色，对农产品应有详细介绍，讲解员对参观者的提问要能对答如流；二是展品的陈列和布置要讲究艺术，能吸引人；三是有些农产品应该允许参观者和购货者品尝；四是展销的时机一般应选在农产品收获季节前（如是常年生产，则随时可根据需要来举办）。关于试吃，可采用以下几种方式：一是为零售商供货时，免费提供一定量的样品，供他们给消费者品尝；二是在自己的农产品生产地，让前来订货者或购货者品尝；三是请一些记者到生产场地参加有关活动，品尝一些农产品或由农产品加工的食品，请记者宣传报道，促进农产品销售，等等。

4. 公共关系促销

公共关系，是指社会组织为树立自身形象，运用传播媒体的沟通方式，与公众之间建立一种平等互惠的社会关系。公关促销主要目的是为了树立企业及产品在社会公众心目中的良好形象，促进产品的销售。

公关的主要方式包括出版企业内部刊物、发布新闻、举办记者招待会、开展各类捐助与资助活动、举办企业庆典、制造新闻事件、散发新闻材料等。

七、农产品网络营销

1. 含义

网络营销是20世纪末出现的市场营销新形式，是企业营销实践与现代信息通信技术、计算机网络技术相结合的产物，是企业以电子信息技术为基础，以计算机网络为媒介和手段而进行的各种营销活动的总称。

广义地讲，企业利用一切电子信息网络（包括企业内部网、行业系统专线网、互联网、有线网络、无线网络、有线通信网络与移动通信网络等）进行的营销活动都可以称为网络营销。从狭义上讲，主要是指以互联网为主要营销手段开展的营销活动。

2. 功能

主要有以下几个方面：加大农产品宣传范围，提高农产品知名度；进行农产品的推销与信息的发布；与客户进行网上交易(无纸交易)；利用网络搜集有关经营和市场信息，等等。

3. 运作

主要有两种形式，一是无站点网络营销，二是建立网站的网络营销。现在应用较多的是网站营销，主要方式有：在互联网上设置平台，供农产品生产经营者免费发布供求信息；在比较专业的经贸信息网上发布信息（一般需支付一定的费用，建立固定的网址并制作专门的网页）；加入农业行业信息网（中国禽蛋网、中国肉业网、中国食品产业网，等等）。有条件的地方可以采取建立自己网站的形式开展农产品营销。

第三节　畜禽产品营销

畜禽产品包括肉类、禽类、禽蛋类、奶类等产品。我国是世界上最大的肉类和禽蛋类生产国之一。

一、畜禽产品营销组织

1. 乡村地方合作组织

如养猪、养牛、养羊、养鸡等专业技术协会。它以农民为主体，吸收乡镇畜牧站、农村合作基金会、供销合作社等参加，实行统一供仔、统一供料、统一防疫、统一收购和统一销售的“五统一”管理模式。如杨山的森茂畜禽养殖专业合作社、祥云养殖合作社等都是这种模式。

2. 农村贩运商

主要从农户家中收购家畜，或自己屠宰销售，或者卖给肉食品加工厂。

3. 龙头企业加农户

具体做法是，以食品公司或肉联厂为龙头企业，分别与农户签订养猪、养牛、养羊等合同，食品公司或肉联厂按照农户的养殖数量，为农民提供一定数量的定金或贴息贷款，并提供技术指导、相关服务和饲养标准。农户按照要求，饲养的家畜出栏时，必须交售给已签订合同的龙头企业。

4. 公司加养殖大户

主要是一些大型的食品公司或肉食品加工厂，从现有的家畜养殖大户中选择有条件、有技术、有信誉的作为基地户，通过产销合同的形式，确定产销一体化关系，保证家畜销售。有些地方则是由养殖大户带动，逐步形成某种家畜或家禽养殖的专业村、专业乡（镇），从而形成一定规模的畜产品市场。养殖大户由于有经验、有实力，可以无偿为散养农户提供家畜饲养技术、畜禽病防疫及销售方面的服务。如浙江温州平阳县北港土鸡专业合作社，漳州龙海白水镇、南靖金山镇的瘦肉型猪产业，芗城石亭镇、天宝镇的奶水牛产业，漳浦马坪镇的肉牛产业，诏安四都镇、桥东镇的商品鹅产业，龙海紫泥镇、南靖船场镇、漳浦赤土镇的商品鸭产业，长泰武安镇的肉鸡产业，龙文朝阳镇的肉鸽产业和南靖山城镇、华安高车乡的蜂产业等。

二、畜禽产品营销存在的主要问题

1. 生产规模化程度低

畜禽产品的生产仍以农户分散饲养为主，且饲养品种品质较差，产品整齐度不高；屠宰加工业中小型屠宰工厂遍布全国，污染严重，质量难以保证；地区封锁与部门分割造成流通阻滞、市场秩序混乱。

2. 生产技术水平低，加工水平低，肉制品卫生质量差

由于我国在饲养环境、防疫检疫、屠宰加工技术、物流、保鲜、包装等多方面与国际先进水平存在较大差距，各个环节的卫生质量监管也相当薄弱，尤其是检疫检验和环保标准低于发达国家，致使我国肉制品质量往往达不到进口国的标准，出口受阻现象严重（我国手工屠宰方式占60%以上，大多数肉类屠宰加工企业的设备、工艺和管理水平仍十分落后。全国各类肉制品加工总量约占肉类总产量的4%，而发达国家一般占40%，有的高达70%。生鲜肉品普遍实行冷却分割，我国冷却加工还处于起步阶段），在国内市场销售上也经常遇到这样那样的问题。

3. 营销方式落后

我国肉食品零售绝大多数是通过集贸市场进行，传统的大案卖肉方式仍占主导。发达国家肉食品几乎全部采用先进的零售方式入店经营。

三、畜禽产品营销对策

1. 要抓好优质产品的生产

随着人们生活水平的提高，讲究健康、追求生活质量已成为社会的普遍要求。低脂肪、高蛋白、合乎国际质量标准的肉、禽、蛋、奶等优质动物食品越来越受到青睐。但是我国目前畜禽产品的供应还远不能适应需求结构的变化，过去总体上看是低档产品供过于求，技术含量高、附加值高的产品生产还远远不够；现在则是连低档产品也供不应求了。从长远来看，瘦肉型猪、牛、羊等优质肉类产品的销售前景比较乐观。

2. 要讲究畜禽产品的干净、卫生

国外的消费者对于肉类产品的安全性非常重视，现在我们国内的消费者也越来越关注动物食品的安全和卫生了。这几年世界范围内出现的动物疾病风波（如英国的疯牛病、许多国家爆发的鸡鸭高致病性禽流感病毒），在一段时间内让人们谈肉色变，也使得各国政府更加重视动物食品的安全性。我国在 1985 年就发布了《中华人民共和国家畜家禽条例》《中华人民共和国家畜家禽防疫条例》，各省市也都有自己的相关条例或规定。但是在我国一些地方，仍有少数家畜禽生产经营者为一己之私利，不顾消费者健康，屠宰销售病、死动物及加工食品，或者在畜禽养殖过程中使用抗生素、瘦肉精、性激素等，在肉类产品加工过程使用吊白块、工业用油、福尔马林、防腐剂等，使产品含有大量有害物质，甚至个别国有或集体企业也存在着这样的现象，这都严重影响了畜禽产品的正常销售和人们的生命健康。必须高度重视这些问题，生产出让老百姓放心的畜禽产品。

3. 抓好畜禽产品的加工，促进销售

现在随着人们收入水平的提高、生活节奏的加快以及家用电器的普及，家庭耗用的烹调时间逐渐缩短，要求供应熟食、快餐、冷冻食品、半成品的消费者越来越多，尤其是在城市家庭。现在我国农村畜禽产品的加工能力虽然有了长足的进步，但大都是以胴体上市，基本上属于传统产品，附加值很低，很大程度上影响了农村养殖户收入的提高。因此，搞好畜禽产品的初加工和深加工，才能真正增加养殖户的收入。

4. 实行畜禽产品的名牌战略

我国畜禽产品的生产多属于劳动力密集型产业，价格相对低廉，具有较为明显的比较优势。但是，现在我国许多畜禽产品的知名度不高，或者是有了知名度，但没有形成较大的规模。现在，最有效的其实还是发展自己的优良品种。如安徽的皖西白鹅、皖南黑猪、大别山黄牛、郎溪的“樱桃谷鸭”、临泉山羊等都是比较好的优质品种，青阳县皖南土鸡产业化协会的“九华”牌皖南土鸡，就是安徽省名牌农产品。南京一家企业去山上养鸡，名曰“跑山鸡”，实际上就是土鸡。可消费者听到这样的名字就很新鲜，不仅如此，企业还邀请消费者去山上抓鸡，可是这些鸡和野鸡差不多，不是在树上，就是在山涧，并没有那么好抓，但却有很多人乐此不疲，把抓鸡当作了打猎。企业因此获得了很好的经济效益，因为他家的鸡就是和别人家的不一样。从事农产品经营的个人和企业要想办法发掘和塑造农产品的独特价值，并把它传播出去，这样就不怕没有市场了。我们应该加大名品的养殖规模，加强配套措施如防疫、养殖技术培训等，进一步提高质量和卫生标准，以市场为导向，以科技为支撑，加大实施名品名牌战略，努力把我国的畜禽加工产品更多更快地推向国际市场。这也要求我们必须多了解国际市场行情和相关信息，了解国外的相关食品标准，和国际市场接轨。

5. 改变传统的营销方式

农户和生产企业可以考虑在目标市场实行店铺经营，或者是和大中城市的连锁超市、肉食批发市场、大宾馆、酒店等消费大户实行“超企对接”，以建立长期、稳定的合作关系。

第四节 水果营销

一、水果营销存在的主要问题

1. 流通体系不健全，果农整体营销素质较低

很多果农不懂营销，对市场了解、研究不够，仅停留在果熟后再找销路的原始推销阶段。国外，如美国、以色列、荷兰、韩国等国都非常重视为果农提供生产、销售信息等相关服务，帮助果农建立畅通的销售渠道。

2. 水果市场整体出现饱和现象

这几年，由于水果种植面积增加很快，市场出现饱和，导致水果价格较低，影响了果农的收入和生产积极性。

3. 水果外观质量和内在品质不高，很大程度上影响了销售

水果的外观整齐度差，果面缺陷多，着色不好，大小不均，果实风味淡，果面农药残留超标；优质果率低，出口率低。和国外同类产品比较，我国水果品质差距大，价格差距更大。现在超市里卖的美国水果，如青蛇果、红蛇果都卖到每斤十四五元，比国产水果贵好几倍。

4. 忽视水果采摘后的处理和包装

发达国家早已普遍采用水果采摘后的预冷、洗果、涂蜡、分级、包装等规范化的处理模式，水果采摘后处理量达到了100%，从而有利于水果的保鲜、储运和销售。而在我国，商品化的处理率要低得多，在很大程度上影响了出口量。另外，包装也是影响我国水果销售的大问题，要做到分级包装，包装要有特点，要有品位，讲究艺术。

5. 水果的品牌竞争力低

随着国家经济的快速发展、人民生活水平的日益提高，消费者对水果品质的要求越来越高，购买水果的品牌意识也在同步增强。据国家统计局统计，2004 年我国水果总产量增长至 26 142.24吨，较 2003 年同期增长 4.2%。但是，我国的水果品牌还处在一个较低的水平上，至今没有一个能够与国际市场接轨的强势水果品牌，整个水果行业仍旧处在量化出口或价格竞争阶段，使得中国水果价格竞争愈演愈烈，品牌形象却得不到大幅度提升。

因此，中国水果的品牌塑造水平亟待提高，以增强国产水果的品牌竞争力。

二、水果营销措施

1. 提高品质，控制产量，发展优势水果品种

要在保持地方生产特色的基础上，发展市场销路较好的优质品种。比如杨山酥梨在全国已有很高的知名度，现在的问题是我们的梨子在内在品质、生产标准方面不符合国际标准，没有和国际接轨。另外，酥梨的生产也一定要保持适度的规模，不能一味靠提高产量获利。

2. 有计划、成规模地发展有出口优势的水果品种

有计划、成规模地发展有出口优势的水果品种，确定出口导向战略。宿州市是水果生产大市，但水果的发展不能盲目，既要看市场需求，也要看自己的技术能力，还要符合当地的气候条件和自然资源。要参照国际标准来生产水果，多向发达国家的水果生产学习经验，要有长远的眼光。最近几年，宿州水果的出口遇到了一系列的问题，主要原因还在于宿州生产的水果不符合国际市场消费者的需要，在果型、风味、外观、农药残留、色泽等方面和国外水果相比还有很大的差距。因此，要真正按照绿色无公

害农产品的要求来组织水果的生产和销售，以提高国产水果在国际上的知名度。

3. 加强水果营销组织和水果协会的建设

相对于市场而言，一家一户的果农是弱者，他们不了解市场信息，不能有效地组织销售，而且在生产技术上也是参差不齐，很难应对激烈的市场竞争。要把果农有效地组织起来，摒弃一家一户的销售模式，用集体和组织的力量应对市场风险。乡镇政府、村民委员会应该主动挑起这个担子，为果农搞好基础设施、信息和技术服务。比如砀山县有很多乡镇都有自己的水果专业合作社，但是这些合作社缺乏科学的管理，还没有真正发挥有效的作用。

4. 推进水果的产供销一体化

这是当前促进我国水果产业持续发展的重要举措，也是改变水果卖难、价低的重要方法。要大力发展公司加农户和订单农业，加大水果加工业的发展，进行水果的深加工，提高水果的附加值。但是在发展水果加工业的过程中，要注意环境保护，不能赚了眼前的钱，损害了子孙后代。

5. 充分利用现代化的网络技术和手段，开展水果的网络营销

一方面，我们可以通过网络发布水果的生产和交易信息；另一方面可以通过开展无纸化交易，降低传统的交易成本，从而增加产销利润。

6. 建立健全水果的流通渠道和流通体系

一方面，各级政府部门要按照国家要求，开辟水果销售的绿色通道，为果农搞好各项服务，另一方面，要积极鼓励各地建立梨、苹果等各类行业协会、合作社等经济组织，为果农提供全方位的优质服务，保护果农的生产积极性。要建立发达的农产品物

流网络，提高物流运输的速度、效率和农产品物流的标准化程度。

7. 要大力引进先进技术，抓好水果的品牌建设

要通过引进优良品种和先进技术，抓好优质水果生产，建立名优水果的品牌，树立绿色、无污染、有机果品名牌，开拓国内外市场。果农一定要树立品牌和商标意识，没有品牌，就好像人没有名字，很难让别人记住。当然，你的产品一定要有特色，有优势，要与众不同。现在市场上很多水果都有了自己的品牌，如砀山园艺场的“砀园”牌酥梨、果园场的“翡翠”牌砀山酥梨都曾荣获“中国名牌农产品”称号，这些品牌都打出了自己的知名度，取得了很好的经济效益。

8. 做好水果的包装

在水果的包装方面要讲究包装的艺术，迎合人们的消费心理。如在水果上印上“吉祥如意”的字，用精致些的包装纸、箱包装水果等，但要注意包装要和水果的品质吻合，不能用好包装装质次水果。包装上要有比较详尽生动的说明，要让消费者对该品牌的水果有更多的了解，从而加深消费者的印象。

9. 要加大农产品营销人才的培养力度

在农产品的生产和经营中，人是最关键的因素。其中，营销人员更是水果销售中的主力军。从现实情况来看，很多果农不懂市场营销，对市场需求信息不了解，结果往往导致生产和销售很盲目，损失巨大。政府部门要和有关部门联系，对果农进行市场营销知识培训，帮助果农掌握市场知识。实践证明，只有一个国家、一个地区的整体营销水平提高了，该国家、地区的经济发展才会更快地提高。

第五节　蔬菜营销

20世纪90年代以来，随着人们生活水平的提高以及肉类、蛋类等副食品供应情况的改善，我国人均蔬菜的消费量一直呈现下降趋势，尤其是“大路菜”，下降趋势尤为明显。现在蔬菜的消费已经进入了质量型、特色型和多样化的阶段。从全国范围来看，细菜、鲜菜、反季节菜的品种大大增加。净菜、小包装菜在超市也已非常普遍。我国五大蔬菜基地（广东湛江南菜北运生产基地，云南元谋等地反季节菜生产基地，环渤海山东、苏北大路菜生产基地，西北河西走廊地区西菜东运生产基地，张北地区大白菜生产基地）历来是我国主要的蔬菜生产基地。

一、我国蔬菜消费情况及存在的主要问题

1. 绿色无公害蔬菜的品种和需求不断增加，市场前景十分看好

这类蔬菜的主要特点是不使用传统农药、化肥，而主要是使用生物农药和有机肥。近年来我国日渐突出的“菜篮子”商品卫生质量问题已成为社会关注的焦点。据统计，我国受农药污染的农田已达1.4亿亩，32.8%的蔬菜种植户在叶菜上使用过有机磷等高毒农药。“菜篮子”商品卫生质量问题，不仅损害了消费者的健康和利益，而且也扰乱了市场经济秩序，阻碍了社会经济与进出口贸易的发展。如2003年上半年日本就以我国出口蔬菜农药残留物超标为由，阻止深圳口岸菠菜、食用菌等产品出口，导致该口岸对日蔬菜出口额同比下降51.80%。蔬菜生产者要及时适应新形势的要求，由主要注重数量、保证供给向更加注重提高质量、保证安全和卫生转变，在蔬菜产销时做到建立品牌、统一检测、统一包装、统一标识、统一价格和定点供应，防止掺杂使假。

2. 反季节菜和精细菜品种日益增多，需求量增大

精细菜指的是新品种的蔬菜和加工过的蔬菜，现在已经成为大中城市居民的一般消费品。现在很多地方都有“西菜东运”、“南菜北运”工程，人们一年四季吃到的蔬菜差别已很小。

3. 调味菜的需求逐步扩大

调味菜如葱、姜、蒜、辣椒和香菜等，它们不仅可以单独食用，而且是肉类和水产品烹制的调味品。

4. 叶类菜的需求量不断增加

叶类菜由于光合作用其叶子的叶绿素含量比较高，符合人们追求健康和美容的需求。

5. 对天然野生型蔬菜和“保健型”蔬菜的需求不断增加

随着人们生活水平的提高，不少居民的口味向自然化回归，对天然野生型蔬菜如荠菜、山芋、竹笋、山野菜等品种的需求越来越大。像宁国、绩溪一带的竹笋、石耳等价格都很高。另外，“保健型”蔬菜也日趋流行，俗话说，“药补不如食补”，消费者对“补药菜”如数家珍：芦笋能养心安神、百合可消肿、南瓜能消炎止痛、芹菜能降血压等。

6. 净菜、名优、新特小包装菜的需求增长很快

这适应了居民快节奏、高效率的生活习惯和要求。现在的做法主要是在产地整理、消毒灭菌、分级和包装密封，然后上市。另外像速冻菜、真空保鲜菜也便于贮藏和运输，出口创汇附加值很高，外销潜力大，市场广阔。

二、蔬菜的营销措施

1. 根据市场需求发展绿色无公害蔬菜

绿色无污染蔬菜符合市场消费的主要趋势和特点，尤其是那些市场需求潜力大、无污染而又富有营养价值的新、奇、特品

种，如黑色的西红柿、彩色南瓜，方形南瓜，紫色、巧克力色的辣椒等。各地要成规模地大力发展，以满足消费者求新好奇的心理，增加菜农收入。

2. 建立利于蔬菜产销的营销组织，完善蔬菜销售网络和体系

如蔬菜技术协会、批发市场、蔬菜产销经纪人等，向菜农提供技术指导和服务，帮助菜农卖菜；要和大中城市的蔬菜批发市场和大中型零售企业（如超市）建立长期固定的产销关系，采取直供、直销、配送、连锁等多种经营方式。

3. 政府要帮助菜农建立畅通的绿色通道，为菜农做好各种后勤服务

政府在市场中的主要作用是发挥服务功能。比如为菜农提供政策、资金支持，加强农田水利基础设施建设，为菜农提供市场信息，帮助菜农寻找销售通道等。

4. 创造、充分挖掘蔬菜种植的深度服务模式

通过增加蔬菜种植的附加服务，可以使蔬菜的价值进一步增加，获得高端消费者的认同。比如北京的一家有机农场，把农场变成了户外的培训基地，招徕一些培训公司的人员来参观，培训公司的人员又把他们的学员带到这里培训，能获得很多知识信息，而且品尝到各种新鲜无污染的农产品，而这些参加培训的人士，大多数都是职业经理人，他们有可能成为这家农场的忠实消费者。该农场通过场地服务，加长了价值链，获得了新的发展。

再如上海光明集团，开发出了中国首家蔬菜公园，种植各类特色蔬菜，吸引消费者来参观选购，通过观光旅游的服务模式的引入，使传统农业迸发出了新的活力，蔬菜自然有了更好的销路。

第六节　水产品营销

水产品主要包括鱼、虾、蟹、甲鱼、贝类和水生经济植物等。

一、水产品市场存在的主要问题

1. 基础设施建设投入不足

虽然近几年来对水产养殖业的基础性投资逐年有所增加，但总体投入依然不足，水产养殖业基础设施老化，发展后劲不足。

2. 水产加工业落后

目前，水产加工品在水产品总产量中的份额只有25%左右，同发达国家的80%以上相比相差很远。淡水鱼加工没有质的突破，造成淡水鱼发展落后，部分集中产区季节性积压；海水鱼、贝类的精深加工还处在起步阶段，需加快发展步伐。

3. 水产养殖水域污染严重

改革开放几十年来，随着沿岸和近海海域经济活动的增加及城市生活污水、工业废水的排放，使得内陆水域和沿海港湾的污染日趋严重，有的已严重威胁到渔业生产的正常进行。近年因污染造成每年死鱼几十万吨，而且污染造成水产品品质下降，销售艰难，养殖户损失巨大。

二、水产品需求的变化

（1）吃鱼不再是高消费，已成了非常普遍的现象。淡水鱼的供应量明显增加，价格较低。

（2）肉类的脂肪含量高，价格高，因此相当一部分消费者在食物结构上发生了变化，由吃肉转向吃水产品。

（3）吃海鱼的比吃淡水鱼的人增加得越来越多。主要是因为海鱼味道鲜美，含碘量高，营养价值高，且污染很少。

(4) 吃鱼头部位。一些大城市，鱼头的价格明显高于整鱼。

三、水产品营销措施

1. 淡水活鱼营销

养殖户应该自备鲜活水产品专用运输车，以尽可能快的速度将鱼运到批发市场或客户那里，尽量减少中间环节。采用短渠道营销。

2. 冷冻水产品营销

鲜活水产品极易死亡而失去价值，对其进行冷冻加工，可以使保鲜时间大大延长，从而保障市场长期供应。水产品生产经营者应配备冷藏车或者专用冷藏设备。

3. 加工水产品营销

主要是指经过干制的水产品，包括虾皮、干贝、海米、淡水鱼腌制品等的营销。对水产品进行加工，既可以延长其保质期，还大大增加水产品的附加值，增加养殖户的收入。加工好的水产品应注意通风防潮。

第七节 农产品品牌创立与营销

市场经济条件下，农民作为独立的经济主体参与市场竞争，农产品的销售成了一个非常重要而且十分紧迫的问题。谈到品牌，很多人都会想到规模宏大的工业企业的产品或高科技产品，很少人会想到农产品。我国“入世”后，新形势给农产品带来了新的机遇和挑战，走农产品品牌营销之路已形成共识，政府也给予了极大的支持。

农产品质量是品牌的生命线，品牌是品质的承诺，品牌的信誉度首先是由产品质量过硬建立起来的。农产品品牌化经营、农产品的质量控制、满足消费者对产品质量的要求，这些都对树立品牌形象具有关键性的作用。

一、品牌

品牌是企业及其所提供的商品或服务的综合标识。品牌包含商标、属性、名称、包装、价格、历史、声誉、广告方式等多种因素，蕴涵企业及其商品或服务的品质和声誉。品牌价值取决于消费者对它的感性认识（印象及经验）。品牌既是企业对消费者的质量承诺，又是企业所获得的消费者的信任水平。良好的品牌形象是农业生产经营者宝贵的无形资产。

二、品牌营销

品牌营销就是生产经营者以高质量的产品为基础，以良好的企业形象作保证，以有效的经营手段为动力的经营活动。

三、农产品品牌营销

农产品品牌营销，即农业生产经营者以优良的产品和良好的企业形象并运用有效的经营方式集信息、资金、生产、销售、服务等功能为一体，制定总体营销计划，规划统一营销方案，开展整体营销活动等一系列有效手段的一项战略性长期行为。

传统营销理论最新研究动态认为，农产品大多数是初级产品，一般采用无品牌策略。互联网的普及和知识经济时代的来临推动着经济全球化和国际化以及品牌营销的发展，这种巨大的国际经济环境的变革给企业的品牌战略带来了机遇与挑战。在这种背景下，媒体、消费者、市场环境和企业本身都在变化。因此，企业的品牌战略和策略必须不断创新，这同样也影响我国农产品的品牌化。

1. 国外最新研究动态

农产品品牌化虽然具有农业产业自身的特点，但同时也具有品牌共性，国外许多营销学家在近一个世纪的营销学发展史中，对品牌化问题进行了深入研究。

美国“营销学之父”菲利普·科特勒认为，一个品牌能表达出6层意思：第一，一个品牌首先给人带来特定的属性。第二，一个品牌代表顾客所需的功能或情感利益。第三，品牌体现了该制造商的某些价值观。第四，品牌可能附加或象征着一定的文化。第五，品牌代表了一定的个性。第六，品牌还体现了购买或使用这种产品的是哪一种消费者。同时，菲利普·科特勒认为，当今世界经济正以势不可当的趋势朝着全球市场一体化、企业自下而上数字化、商业竞争国际化的方向发展，以互联网、知识经济、高新技术为代表，以满足消费者的需求为核心的新经济迅速发展。他认为，新经济的首要特性是企业越来越注重将价值从有形资产转移到无形资产上，企业不但创造品牌，更要拥有品牌，同时很重视对品牌的管理。菲利普·科特勒还指出，在新经济时代，要用新的方式建立品牌，移动营销是新经济时代品牌建立的一种快捷方式。

米尔顿·科特勒认为，品牌战略建设并非仅仅建设品牌意识，还要在目标消费者心目中建立起认知和品牌偏好，并且指出中国国产品牌面临的最大的挑战是：从依靠大规模的广告和促销建立品牌意识，转变到通过战略性的步骤建立起能让目标顾客感觉到的品牌价值。他预见中国的国产品牌中，只有那些深谙市场细分之道及针对目标细分市场建设的品牌的企业，才能在与老道的国际品牌强者的角逐中立于不败之地。

2. 国内最新研究动态

在我国农业经济管理学界，关于农产品营销以及农产品品牌理论的研究开始于20世纪90年初我国出现的农产品“卖难”现象，并且伴随着农产品买方市场的形成而走向深入。但是学者们大多都是从农产品品牌化与农业产业化之间的相互关系这个角度来探讨的，而具体研究农产品品牌化理论的学说不太多。

浙江农业大学郁怡汉等深刻地阐述了实施农产品品牌战略的重要意义，认为实施农产品品牌战略，一方面适应了现代社会发展的需要，符合农业产业化生产组织方式的要求；另一方面充分体现和发挥农产品生产地区的资源特色和优势，提高了经济效益，同时能满足消费者品牌意识、健康需求，维护了农业科技工作者和经营者的知识产权。他认为，要创建名优农产品品牌，必须发挥资源优势，开展规模经营和加强管理，加大科技引进和资金投入力度，培育市场体系，加强品牌保护。实施品牌战略，商标的规范运作是关键因素。

福建农业大学的陈良珠不但阐述了创建农业名牌的客观依据，认为创名牌是我国农业产业化的必由之路，并分析了创农业名牌的途径和政府保证。同时还对农业名牌的评价问题进行探讨，提出了评价农业名牌的基本原则，即由农业管理部门组织评选机构，以工业 S014000 系列标准为基本框架，以绿色产品为基本内容，以实现企业利益和社会利益为基本目标而建立科学合理的评价指标与鉴定制度，从而达到公正、有序、权威地评选出我国农业名牌的目的。陈良珠还创造性地针对不同农业类型和品牌特点，分析了评价农业品牌的指标体系，指出自然资源型农业品牌评价指标包括生态环境质量指标、生产率指标和资源综合利用指标；企业加工型指标包括科技含量、加工仪器安全性指标、市场占有率与资产营运能力指标、企业下达的农户指标和社会贡献指标；产业文化型指标包括文化含量、对文化资源的开发与合理利用的程度、生态环境质量改善的程度、企业的创汇能力和企业员工的素质。

湖南农业大学周发明在《农产品市场与营销》一书中较全面地分析了创立农产品名牌的对策，指出树立和强化农业名牌战略观念是创农业名牌的前提，建设优质农产品基地是创农业名牌的基础，提高农产品质量是创农业名牌的关键，实行产业经营是创农业名牌的重要途径，搞好农产品的市场营销是创农业名牌的重要环节。

中国人民大学农经系的孔祥智认为，农产品品牌化经营要重视产品质量，在发展质量农业中一定要实行品牌化经营。华中农业大学经贸学院的曹明宏认为，在产品品牌化经营中开发绿色农产品势在必行。云南省保山地委政策研究室的吴兴平认为，实施农业名牌战略要以“四个优化”和“四个提高”为重点，即优化品质结构，提高优质农产品比重；优化品种结构，提高特色产品比重；优化产业结构，提高农产品加工深度；优化区域结构，提高优势产业比重。他同时提出，要加强农业信息化建设，为农业品牌化提供市场服务，加大无形资源优化配置的力度，增强农产品品牌的市场竞争力，实施组织创新，保障农产品品牌健康成长，用活政策强龙头，争创名牌出效益。

思考题

1. 简述包装的基本作用。
2. 简述农产品定价策略。
3. 简述畜禽产品营销的对策。

第十章　新型职业农民创业实例

案例一　陈织霞——农家乐乐在其中

陈织霞是出生在浙江农村的一个热情、朴实的农村女孩，带着对生活的渴望和对梦想的追求，她精神十足。小时候由于家庭贫困，她上完初中就辍学了，年纪不大的她用稚嫩的肩膀承担起了养家的重担。随着家乡旅游业的发展，她敏锐地抓住了由此带来的商机，放弃做了 10 年的卖菜生意，改行做起了农家乐。如今，凭着农村人的朴实、热情和善良，她经营的“姚家大院”年营业额有 100 多万元，成为浙江省安吉农家乐中的领头羊，得到了政府和社会各界的认同。

一、姚家大院的历史与今天

清朝嘉庆年间，姚姓徽商姚斯侯从安徽桐城南姚庄来到安吉天荒坪镇，发现这里有一座老宅是风水宝地，于是姚斯侯便买下了老宅。经过几代的发展，姚氏成为当地首屈一指的大户。

大院占地 1.4 万平方米，四周是选用当地溪石筑成的宽 0.5 米、高 4.5 米的围墙，主体建筑为二进各五间木石结构主楼，二进二间二层生活楼、一幢小姐楼以及护院平房等，还有操场、池塘、假山以及古玉兰树、桂花树和银杏树等。

1945 年初，新四军苏浙军区在姚家大院门前打响了第一枪，从而拉开了第一、二、三次反顽战役的序幕。在新四军三次反顽战役中，司令员粟裕、政委谭震林等就曾住在大院。新中国成立后，土地改革时期，这里的部分建筑分给农民居住，后来一直作为国家粮库。

2005 年姚家大院正式开发为旅游景点，开始迎接游客，提供包括餐饮、客房、景点、会务、茶艺、棋牌、垂钓等在内的各种商务、娱乐、休闲服务。游客除了可以游览明清时期的私家园林建筑外，还可以参观白鹭园、安吉民俗风情园、方竹圆、新四军纪念馆、粟裕纪念馆、姚氏家族史馆、胡宗南生平馆、小姐楼生活馆、安吉历史馆、中外钱币史馆等三园七馆。其中，还有风火圈、恰香、华夏野桑王、残垣断壁、境静、起舞、鸳鸯池、孝峰、古杏林、江南桂花王、明代假山、生春台等二十四景。

姚家大院作为湖州书画院的创作基地和学生的德育教育基地，是安吉历史人文旅游、绿色风光和红色旅游相结合的一个高品位景区。

2008 年，因为经营不善，姚家大院被迫关闭，半年后陈织霞以承包的形式经营姚家大院。如今，在她的经营下，姚家大院平均每日接待游客 200 多人，旺季可以达到 600 多人，年营业额达到 100 多万元。

二、贫穷但不会失去梦想

陈织霞出生在一个普普通通的农民家庭里，在很小时候的她就是一个既懂事又好学的孩子。每天放学后，别人家的孩子可以玩或者做功课，可是她总是先帮家里做家务，直到晚饭后她才在昏暗的煤油灯下做功课。家里有 6 口人，子女众多让家庭生活拮据，虽然生活并不富裕，但是在父母的照顾下，一家人的日子也还算安逸。

然而，命运有时候就是故意捉弄人，在陈织霞初中毕业那年，父亲突然病逝。这对陈织霞来说无疑是一个巨大的打击。这个打击来得这样突然，把一个还没有完全懂事的孩子对未来的美好希望全部打得粉碎。没有了父亲的家庭就像是一个没有了屋顶的房子，风吹日晒雨淋再也没有可以庇护的地方，所有的重担都压到了母亲和孩子们的身上。父亲去世后的很长一段时间，家里面都弥漫着一股悲痛的阴霾。而这个不幸的变故对母亲来说就意味着更大的责任。最终，为了让这个家庭能继续维持下去，母亲强忍着丧夫的苦痛鼓励孩子们走出阴霾。

变故后的家庭，经济上必然大不如前。为了减轻母亲的负担，陈织霞放弃了读高中的机会，和姐姐们一起去了当地的工厂上班。老师舍不得这样一个好学生辍学，为了能让陈织霞回到学校，老师来到家里好几趟。母亲也实在不愿让自己如此优秀的孩子因为贫困而变得平凡，但每次陈织霞都坚定而有礼貌地谢绝了老师的好意。每次目送老师离开，她都觉得送走了某些在自己生命中再也不会出现的东西。

就这样，她毅然放弃了学业，用自己稚嫩的肩膀承担起了养家的重担。她一方面在外面上班赚钱，一方面照顾家里的农活。山上田里都有她忙碌的身影。看着跟她一起上学的同学有的上了高中又上了大学，有的凭关系找到了好工作，她的心里有许许多多的羡慕。再看看自己因为干活而变得粗糙的双手，有时候真的觉得命运是那么不公平，生命是那么不平等。然而，尽管有时候会一个人默默流泪，但她总是对自己说，我绝对不能低头，相信未来一定会好的。一定要靠自己的双手干出一番事业，让自己的生活变得不一样。

结婚后，她做起了卖菜生意。每天都十分忙碌，十分辛苦，凌晨三点就要起床进城去买菜，天亮之前赶回菜场，这时就有人陆陆续续来买菜了。这是一个辛苦活儿，不管刮风下雨还是生病劳累都必须坚持着，只要有一天不出摊，自己的固定顾客有可能就成为别人的了，以后的生意就会变得难做。从小吃苦长大的她以一个坚定的信念支撑着自己的事业，并以乐观的态度面对生活中的所有灾难和不幸。功夫不负有心人，凭着自己的热情和善良，卖菜生意在她的苦心经营下蒸蒸日上，收入可观。家庭虽然算不上富裕，但已处在同村人的中等水平。

三、旅游现商机，农家乐开怀

安吉山清水秀，环境优美，是旅游者的很好选择。随着政府对旅游的开发，越来越多的人来到安吉，民间农家乐生意也渐渐火热起来。天荒坪作为安吉旅游资源的主要依托之一，每年都要接待大量的游客。此时，陈织霞察觉到了良好的商机，她觉得农家乐是一个不错的选择，一定可以给自己带来更好的生活。首先，从小就做家务的陈织霞对做菜非常在行，其次，自己的家就在去天荒坪的必经之路上，利用自己的房子，一方面有地理优势，另一方面也可以省去房租，可以降低很多成本。和家人商量，既有赞成的声音，认为农家乐和卖菜生意比起来要轻松一些，至少不用每天凌晨起床外出奔波，这对于一个女人来说再合适不过了；当然也有反对的亲戚朋友，他们觉得，虽然农家乐生意看起来很受欢迎，但是，竞争也是十分激烈的，要承担的风险也很大，再说不见得每个农家乐都可以经营得好，况且她已经做卖菜生意 10 年了，有着丰富的经验和稳定的客户，收入已经相当有保障，没有必要到一个既没经验又没积累的行业去尝试。听了家人的意见以后，陈织霞觉得两种意见都有道理，再三考虑之后，最终她选择了改行。两个星期后，陈织霞农庄便开张营业了。

梦想和现实总有差距，这或许是命运的常态。虽然早有心理准备，但农庄的生意并没有想象中的好。开业的时候虽然十分热闹，但是，接下来的几个星期生意十分冷清，如果照这样下去，生意是很难维持的。陈织霞慢慢思考出了其中的道理，并不是开了店就会有源源不断的客人来访，真正支持一个商家稳定站立的是回头客。所以，农家乐的顾客不仅仅是路过的外地人，更重要的是当地居民，只有当地居民才是回头客的主要对象。10 年的卖菜经验告诉她，周到的服务和优惠的价格才是赢得顾客的有利因素，所以她并不气馁，因为当初卖菜也是自己慢慢闯出来的。

为了达到赢得更多回头客的目的，为了使自己的农庄得到村里人的认可，陈织霞亲自在菜色上下工夫，并且请了优秀的厨师，价格上公道合理，让每一位来吃饭的人都留下深刻印象。慢慢地，农庄在村里有了名气，到农庄吃饭、请客、摆酒席的人越来越多，她的生意蒸蒸日上。两年下来，平均每年有 30 多万元的营业额，在村里也有了很好的口碑。虽然开农庄依然很辛苦，但看着越来越好的生意，再辛苦也值了。

让人感慨的是，在离开学校 20 多年后，她依然保持着对学校的向往。由于农家乐比以前的生意有了更多的空余时间，她便报了成人职业高中。利用空余时间学习知识，并取得了高中毕业证书。这似乎是在弥补自己 20 年前的遗憾，又似乎是向这个世界证明着什么，让人很是感动。

四、姚家大院开创新局面

巧的是，姚家大院就坐落在陈织霞农庄的马路对面，几乎就在农庄开业的同时，姚家大院也经过整修对外开放。这是在酝酿了两年之后，经浙江省文物部门同意，在安吉县文化、旅游和粮食部门的协助下，湖州书画院及湖州冶大文化艺术有限公司联合投资开发的一个旅游项目。然而，姚家大院的生意一直不好，和陈织霞农庄络绎不绝的生意相比显得十分冷清。当时姚家大院的老总曾多次向陈织霞请教如何把生意做好，如何能吸引更多的当地客人。而陈织霞总是微笑着说，那是因为你们没有把握好城市与农村的差别。农村人赚的每一分都是辛苦钱，所以用的时候精打细算，我们农庄价格实惠，菜色也可以，老百姓当然愿意来，而你们是星级酒店的服务，价格太高，农村人消费不起。

在经营了两年后，姚家大院最终因为生意不好而关门了，这时姚家大院的老总问陈织霞是否愿意承包姚家大院，面对突如其来的机会，陈织霞动心了，她本身就在考虑怎样可以扩大自己生意的规模，只是还没有想好办法，现在对她来说承包姚家大院真是一个天赐的良机，而且可以借着这样的生意让更多人开阔眼界。但是，姚家大院的承包价格又让她打起了退堂鼓，姚家大院的经理出价25万元每年。25万元对于一个女人来说，实在是一个庞大的数字。虽然做了几年生意有了一定的积累，但是这么大的数目实在是难住了她，况且接手这么一个别人经营失败的地方，风险实在很大，谁能保证一定能经营好呢？万一要是失败了，不但赔了自己多年辛苦赚来的钱，而且还会欠下一屁股债，面对这些问题，她不得不放弃了这个想法。

半年后，姚家大院的开发商再次找到陈织霞谈起承包姚家大院的事情，并且表示如果她有兴趣，价格可以进一步商量。经过再三的思考和谈判，最终以15万元的价格承包下姚家大院。

签合同之前，陈织霞除了弟弟，没有把这件事告诉任何人。待大家都知道这件事情的时候，所有人都说她做了一个愚蠢的决定，肯定是要赔钱了，甚至有人放出恶言，说陈织霞掉进了一个放死人的地方，不赔死才怪。母亲因为担心在床上整整躺了三天。走进关闭了半年的姚家大院，整个大院因为长时间无人居住而显得格外阴森，所有房间、桌面、柜台都蒙着厚厚的一层灰，几处墙壁也因为漏水而斑驳脱落，地板也有的开始腐烂，散发着一股发霉的味道。打开留存下的冰箱，一股恶臭迎面扑来，半年前放着的猪肉已经腐烂得像腐尸一样，甚至一个小工吓得当场晕倒，送医院挂了四瓶盐水才缓过来。更重要的是如何再次经营的问题，这个地方和以前自己小农庄实在是太不一样了，自己根本没有这方面的经验。

巨大的压力使陈织霞几乎要走到绝望的境地，虽然她有些后悔，但已经别无退路了。陈织霞顶住巨大的压力，家里的母亲正为自己急得吃不下、睡不着，村里的人正等着看自己的笑话。晚上她在黑夜里无数次默默流泪，悲叹自己一个女人为何要承受如此大的压力和痛苦。但是每次到最后，她都坚定地对自己说，不管什么事，既然做了就一定要把它做好，并且她每天都为做好这件事准备着、努力着。

打扫姚家大院耗费了十几天的时间，2009 年 5 月姚家大院终于再次开张。和自己的小农庄比起来，这里是一个更加庞大的地方，不仅需要更多的厨师、服务员，而且餐饮部、客房部和水电问题都需要自己理出头绪，做好管理。操心和劳累让她在一个月内就瘦了 16 斤，但是她凭着自己坚强的意志撑了过来，支撑着这个刚刚死而复生的姚家大院。

在她的努力下，姚家大院的经营慢慢上了轨道，未来渐渐变得明朗起来。她并没有延续姚家大院以前的经营模式，而是用农家乐的形式按自己的风格经营。由于自己在餐饮方面更有经验，所以开始的经营以餐饮为主，并同时附带客房，至于景点方面就暂时搁置下来了。另外，对餐饮的包厢、大厅以及客房做了适当的整修，使得环境更加舒适。在推广方面，她一方面利用以前留下来的旅行社资料联系导游，表示合作的意向；另一方面在电视台和网站等媒体投放广告，平时还积极参加政府组织的各种农家乐活动，抓住每个为自己做宣传的机会。

随着宣传的加大，合作对象的增多，凭着本身农家味足、价格实惠、环境优美、服务周到的优势，不仅外来游客不断增多，连当地的客人也喜欢到这里吃饭聚餐。姚家大院的名声不断扩大，政府对此也十分重视，在多方面给予了扶持和帮助。由于这里餐饮和环境确实出色，吸引了大量团体和分散的客户。

两年下来，姚家大院已经从倒闭变得红红火火，平均日客流量 200 多人，旺季可以达到 600 多人，每年的营业额也有 100 多万元，有时候客人多得接待不下，陈织霞还把客人介绍到周围的农家乐去，给周围的经营者也带来了好处。现在村里人不再嘲笑陈织霞做了一个愚蠢的选择，而是对她非常佩服，母亲也不再担心，而是为有这样一个女儿而骄傲。如今陈织霞已经买了车，生活变得更好了，而姚家大院也成了安吉县农家乐中的骄子。

五、畅想未来，为大学生支招

陈织霞希望以后能到外面多走走，一方面可以有机会学习其他地方的管理经验，开阔视野；另一方面也希望姚家大院能找到更多的合作伙伴，扩大经营范围。但是目前她最缺的就是一个得力的总管，因为现在姚家大院里里外外的事情都是她一个人负责，虽然有姐姐的帮助，但是大家分工明确，自己难以抽身。另外她还想开一个姚家大院连锁店，去年自己已经选好了位置，但苦于没有找到合适的管理人员而迟迟没有投资。

至于姚家大院内部，餐饮业已经做得相当不错了，接下来计划把景点开放出去，两年前，姚家大院倒闭后，景点一直处于封闭状态，两年过去了，曾经整修过的房屋又一次变得凌乱不堪。由于景点的再次整修开发，花费实在是一个不小的数目，她十分想得到政府或者是开发商的帮助。

对于自己，陈织霞希望在今年学会使用电脑。之前一直没有机会接触电脑，总是因为太忙想学却而没有时间，所以一直到现在对电脑还是十分陌生。但是在这个信息化的时代，她意识到电脑在生活中、生意中的巨大作用，如果自己学会了用电脑，那么无论是对外宣传还是了解信息都会十分方便。

陈织霞还为新毕业的大学生支招。如今大学生就业压力大，很多学生毕业了却找不工作。她说与其给别人打工，还不如为自己打工。在农村创业，成本相对较低，起点也更低一些，同时政府也对大学生农村创业提供一些优惠政策，能帮助减少创业过程中遇到的问题。何况现在农村大量的劳动力和技术人员都流向了城市，大学生来农村可以带来先进的技术和现代管理理念，一方面有很大的发展空间，另一方面也能起到很好的模范带头作用，促进农村经济的发展，解决农民就业问题。

一个出身贫寒的女子，从小吃尽了贫困带来的痛苦，或许那些苦难可以将她的双手磨得粗糙，但她的心灵却因此而变得坚强。我们无法选择自己的出身，但是，我们可以挣脱命运的束缚，不管别人靠的是背景还是关系，我们依然可以靠着自己的双手为自己撑起一片天。泪水可以流，苦难可以尝，只要自己的信念不倒，就可以活出自己的精彩。

案例二　李永才——千岛湖上圆了致富梦

李永才出生在浙江省淳安县的一个农村里，高中毕业的时候，他就和父亲在生产队里劳动，务农 4 年。1984 年他在最早开发的千岛湖旅游景点——桂花岛当导游。1989 年，李永才开始创业，开办了一家以当地土特产为主的旅游品商店。2003 年，在当地政府和有关部门的大力支持下，他创立了以种植、养殖、加工、经营为一体的绿色食品企业——杭州千岛湖绿色食品有限公司。

一、环境再艰苦，意志也坚强

李永才出生的年代不好，1959 年，正是中国三年自然灾害时期。家乡是一个偏僻、贫穷的小山村。家里有兄弟姐妹 5 个，因为家里没人照顾，他是带着妹妹又背着弟弟上完小学的。穷人家的孩子早当家，他除了上学，还要帮家里做家务。在这样艰苦的环境下，李永才仍然取得了良好的成绩并坚持读完了高中。

高中毕业之后，他回到村里和父亲一起在生产队里挣工分，之后又被队里派到乡镇企业去做工。那时乡镇企业干的活是劈山、打石头、拉双轮车等苦力活，对于从小就开始经历磨难的人来说，这些也就算不了什么了。当时经常也有单位来招人，部队也征兵，但是，对于什么关系都没有的李永才来说，这些机会都轮不到他。

之后，他到开发公司林场做民工搞副业赚钱，那时候做民工赚钱是很难的，有时候连饭钱都赚不到。后来通过努力他做了包工头，可是谁知道包工头这碗饭更难吃。由于刚从农村出来，没有经过什么历练，再加上人老实，不知道如何和施工人员搞好关系，在他做包工头的这一段时间里，不但没有赚钱，结果还赔了本。那时候他常常想命运为什么如此不眷顾他，村里和他差不多年龄的人都成家立业了，可是他到现在什么都没有。弟弟也在一次意外触电中失去了双手，他那一年 26 岁，望着依然很穷苦的家，他迷茫了。

二、苦难过后的转折，幸福在这里起航

最终李永才坚定了自己的信念，他坚信只要自己够努力，今天别人拥有的，明天自己也一定会拥有。1984 年，经过熟人的介绍，他来到千岛湖旅游公司做了一名合同工，在旅游景点桂花岛担任管理员兼卖观光门票。在那里干了不久，他结婚了，妻子也随他一起当起了合同工，这下成了双职工，每个月的工资加起来有 70 多元，闲下来的钱寄回家，用以还债和给弟弟看病。李永才非常高兴，感觉他的人生终于看到了希望。

桂花岛是千岛湖东南区的一个自然风光很美、游客很多的小岛。1990 年以前，来千岛湖的游客是一定要到桂花岛看看的，那时候淳安县的旅游还不是很发达，搞旅游的人很少，因此，整个岛上就李永才夫妻两个人。他们主要的工作是景点管理，包括打扫景点卫生、接待游客、景观介绍等。刚上岛工作的时候热情很高，生活工作都很愉快，可是时间久了困难也就来了。那时岛上还没有通电，到晚上只能点油灯，由于住在山顶上，用水还要到湖边去挑水，吃菜就更困难了，景区是不能种菜的，买菜又不方便，所以大部分的时间，他们都是吃海带、咸菜、霉豆腐、辣酱，有时候这些菜也没有了，就用从家里带来的干面条放一些油盐煮一下，就这样将就着对付了一顿又一顿。

夫妻两个人在千岛湖上一待就是 6 年。这 6 年里，李永才辛

苦工作，不怕苦不怕累，积极努力地工作，为千岛湖旅游公司创下了可观的经济收益，而他在这一段时间里也收获了很多。首先是思想观念更新了，利用工作之便接触了来自四面八方的游客，广交了朋友，与他们的交往中也增长了知识，得到了新的信息，接受了新理念，还学会了与别人沟通交往。这些都是他人生中巨大的财富。

三、创业的路从脚下开始

岛上的6年生活，还让李永才学会了做生意。因为在岛上的工作比较艰苦，公司为了照顾他们夫妻，就允许他们在岛上的小卖部里卖点导游图、胶卷、饮料、冰棍等，收入归他们。刚开始时，李永才不会做生意，不会推荐，也不会介绍，卖出一件商品的利润也少的可怜，才两三分钱，一天下来也就只能赚几毛钱，如果哪一天赚的多了达到一元钱，那他们就很高兴了。后来渐渐的发展成卖茶叶、卖鱼干，从那时候起他就慢慢知道城里人喜欢农村的土特产，所以后来他们夫妻就开始专门做土特产的加工、销售。

这使他萌发了在城里开一家专门经营农场土特产商店的想法，但是，困难又来了。当时，国家的政策还没有开放，要当个体户开店，就连营业执照都不能办下来。当时李永才就碰到了这个问题，回家务农不甘心，城里开店执照难办，为这事，他反复跑了有关部门，后来千岛湖旅游公司的老板出面帮他，才办下来执照，店名就是永成特产商店，那一年是1990年。从那个时刻开始，他们夫妻两个就一门心思地经营千岛湖土特产，生意越做越好，虽然刚开始只是一个很小的店铺，但是永成特产商店的名气越来越大。

自从开了店之后，李永才对工作投入了百分之百的热情。为了挖掘风味鱼干、野生菜的传统制作工艺，他不分白天黑夜进行上千次、上万次的实验制作，直到得到市场认可和广大消费者满意。他还深入民间采集、整理出了野生鱼干、农家菜干等这些具有浓郁地方文化的特色和历史底蕴资料，加强绿色食品文化建设，靠着文化的包装，这些土里土气的乡村食品摇身一变，身价就上升了不少。李永才一边经营商店，一边参加浙江大学企业管理班继续教育学习，不断充实自己的文化水平。在经营的过程中，他发现很多顾客对千岛湖的有机鱼和野生葛粉特别感兴趣，于是他又萌发了办厂的念头。

四、路越走越宽，幸福越聚越多

在多年经营土特产生意的过程中，李永才产生了要将千岛湖土特产这个品牌做大、做好的念头。2005 年，李永才在千岛湖鼓山工业园区创办了一家专业加工、销售农产品的企业，投资500 多万元，从此他致力于将千岛湖土特产这个品牌更好地推向市场。

在扩大规模的同时，他也一直致力于提高质量。他聘请浙江大学教师指导绿色食品的制作工艺。为了把好产品质量关，公司从原料基地的选择到生产的每一道工序都制定标准化、科学化、规范化的操作程序，既保证了产品的质量又保证了农家食品的特有风味。

就是在这样细致又严格的努力下，公司成立短短几年，发展形势良好。到目前为止，厂房面积达2 000多平方米，员工30 多人。产品市场占有率在淳安县同类企业中名列前茅。公司先后获得了杭州市著名商标、杭州市农业龙头企业、淳安县农业龙头企业、优秀旅游商品企业、淳安县十佳优秀农业龙头企业、质量信得过单位、诚信民营企业等称号；产品获得了千岛湖名牌产品、市民最喜爱的十大品牌农产品、浙江省绿色无公害优质畅销农产品、省农博会优质奖等荣誉；李永才也被杭州市委市政府授予“杭州市先进社会主义建设者”荣誉称号。

如今，过硬的产品质量、雄厚的科技实力、高素质的专业团队使公司具备了雄厚的市场开发实力和能力。公司重视企业文化建设和核心竞争力的培养，为加盟者创造效益，为加盟者创造财富，为加盟者创造价值，以“诚信、开拓、务实、共赢”为企业精神和经营理念，以“打造品牌，服务客户”为宗旨。

五、感恩回报社会，幸福与人共享

公司越来越好了，财富越来越多了，但是，李永才没有因此沉迷享乐、只顾自己。他说，对于这些收获，有时候自己很满足，有时候感觉自己疲意不堪。于是常常也在想，该停下来休息了。但一想到是谁让自己有了今天，便加快了自己的脚步。因为如今，自己的奋斗不再仅仅是为了自己一个人，而是为了这个曾经培养自己的社会。饮水思源，感恩图报，这是我们中华民族的美德。李永才出身农村，他从来没有忘记养育自己的那一片土地。这些年来，他在商海辛苦拼搏的同时，对家乡的人也记挂心头，“春风行动”、救灾、助残、慰问孤老、希望工程等社会公益事业，他都慷慨解囊，近几年来公司各项捐款达 10 万多元，他还心系下岗职工，公司招工时都明确规定下岗职工优先，公司人员 70% 都是下岗职工。

李永才还主动提出要和家乡宋村乡合作，以“公司＋农户”的形式带动老家的农业经济发展，提高农民的收入，改变宋村乡经济欠发达的局面。将“永成”这个品牌做成社会的品牌，公司做成社会的公司。

在李永才的身上我们可以看到，只有心系社会、心系他人的人才能获得最后的成功。如果一个人不顾一切地只为敛财，也许可以获得一时的成功，但最终往往会失败。只有当你心怀社会的时候，社会才能给你相应的回报。

案例三　付献军——种粮大王的成功之路

付献军是浙江省龙游县小南海镇一名普普通通的农民，现在他是这个县里最大的种粮大户。1991 年起在工商业较为发达的龙游镇西门村承包大田从事粮食生产，承包面积逐年扩大，1998 年起承包面积均在200 亩以上。2005 年，大胆创新扩大粮食生产规模的新路子，开创了“以服务换经营权”的方法。在此基础上，付献军牵头组建了龙游献军种粮合作社，合作社现在有 136 户农户，4 家种粮大户和 5 家相关企业参加，每年为周边农户提供代耕、代种、代收服务，面积从 2010 年的 600 多亩增加到 2011 年的 800 多亩。

一、抓住机会，开始创业

付献军 1987 年初中毕业，当时他只有 17 岁。毕业后，他就在所在县的一个小钢铁厂工作。当时，勤于思考的他发现龙游西门村的农民不愿意种田而出外打工，这里的土地年年都有抛荒的现象。后来，他在西门村的哥哥承包了很多土地，开始了粮食种植。付献军说，当时在钢铁厂里是三天上班、两天休息，由于时间比较空闲，于是他萌生了包田种粮的想法。1991 年，经过协商，他以每年每亩无偿上缴 75 公斤晚稻的代价，从该村农户手中转包了 30 亩粮田。付献军笑称，当时根本谈不上什么机械化，兄弟两人只有一台拖拉机、一台打稻的电动机。当时的他只是把这 30 亩粮田当成是一种兼职，并没有一心放在这上面，他也想不到有一天种粮食会变成他的事业，成为他生命中最重要的一部分。

后来，付献军所在的钢铁厂效益越来越不好，而且当时西门村也有越来越多的土地抛荒了。渐渐地，付献军的工作重心完全转向了粮田种植，并且在西门村承包了越来越多的土地。到了 1997 年，他承包的土地面积达到了 100 多亩，他当时已经是衢州市最大的种粮大户了。随后，他和哥哥开始大规模投资买机械，粮食种植实现了半机械化。也正是从那个时候开始，才算是真正走上了粮食规模生产的道路。

2005年，西门村的城市化进程加快，由于建设城市的需要，土地不断被政府征用，西门村的土地渐渐减少，对于付献军来说承包大量连片的土地成了一个重大的困难。于是，付献军想出了一个新办法。当时的农户基本上还是离不开土地的，但是他们又要外出打工，所以水稻种植基本上只种单季，不种早稻。针对这些农民边打工边种田的情况，付献军创造性地想出一个新模式，并创建了种粮合作社。他和这些农户达成协议，这些粮田的早稻归付献军来种植，晚稻归农户自己种植，而付献军要给这些农户三项免费服务，即秧苗免费、耕田免费和收割免费。也就是说，合作社用三项免费服务换取农户粮田的早稻经营权。这一模式，茅临生副省长称之为“献军模式”，现在，这一模式作为“十大模式”之一正在广泛推广。

2005年4月，付献军牵头成立了“龙游县献军种粮专业合作社”，这是衢州市首家农民种粮专业合作社。合作社以减少土地季节性抛荒，实现规模化、机械化、科技化生产，降低种粮成本，达到农户增产增效为宗旨。合作社首批吸纳了13名种粮农户，注册资金5.2万元。2008年，合作社发展为由136家农户、4家种粮大户和5家相关企业构成，被确定为升级示范性农民专业合作社，承包耕地面积达1 880亩，其中个人承包耕地面积620亩。现有烘干机一台，联合收割机两台，田间作业拖拉机四台，机动喷雾机两台。

2006年，在龙游县政府的帮助下，合作社流转了400多亩富硒基地，生产龙硒牌富硒大米，在这个富硒基地上，主要种植单季水稻，后来又套种蔬菜，相当于也是种了两季。在那个时候，付献军开始他的品牌之路。现在，付献军个人投资已经高达300多万元，包括100多万元的机械、100多万元的仓库等。

二、挑战困难，大胆创新

付献军说，现在种粮和原来已经完全不一样了，如果像原来那样种粮，肯定是要亏本的，最主要的就是现在的人工费用越来越高了。而现在，种粮大户普遍面临的问题主要有三个。一是土地流转资金高。一般而言，现在的流转资金需要每亩400斤晚稻，相当于市价的每亩500元。刚开始的时候，土地流转资金只要150斤稻谷就可以了，但现在翻了一番还多。二是人工工资高。刚开始的时候，粮食种植主要靠人工，人工费用也不高。大概在2004年的时候，人工费用只要每天15元，而且那个时候稻谷价格是每100斤80元。但是现在，稻谷每100斤120元，而2010年的小工价格每天70元，而且有技术的每天要100元，另外还要包吃饭。所以，在这个方面节约成本很重要。三是农资价格高，特别是柴油。虽然种子、化肥、农药这些农资价格每年都在上涨，但是柴油的价格由于含有养路费、税费，所以成本更高。但是这些种粮大户的柴油都是用在收割机、插秧机等农业机械上，没有养路费这一说，但也只能从市场上去购买柴油。

付献军说，他每年花在柴油上的费用大概是十几万元，有两千多升。农用柴油费用问题由于操作性等原因，还没有找到切实可行的解决办法。但是他也提出了自己的看法和意见，他觉得可以参考部分其他县市的作法，按照大型机械补贴，小型机械不补贴的方式，即针对大户进行柴油补贴，这样操作起来更简单，更切实可行。

针对劳工成本上升的问题，也是最主要的问题，付献军说，在节省人工方面，应该主要依靠两个方法，即机械化和科技化。机械化方面，付献军已经实现了种粮的全程机械化，大幅度降低了人工成本。他现在已经拥有十几台拖拉机，还有插秧机、烘干机、育秧流水线等，单在机械方面的投资高达100多万元。科技化方面，主要包括两个方面：一是通过“水稻双机双抛双千斤”等种植模式，提升粮食生产的科技水平。这主要是指早、晚稻两季进行塑盘抛栽，即机械不能去的地方，采用抛栽这种方法。一般情况下，每亩农田需要一到两个人进行抛栽，一个人每天可以抛栽5亩土地。二是测土配方、统防统治、化学除草，这些措施都大大节省了人工成本。合作社现在是统一时间播种、统一时间施肥、统一时间除虫。而单个的农户是看什么时间有空就去除虫，这样会把虫赶来赶去，而且会耗费较多的时间。所以，这就是统防统治的优势，相应地也节省了人工成本。

付献军根据自己多年的粮食规模种植经验，总结了种粮大户应该注意的5个方面，上面提到机械化和科技化就是其中两个方面，而另外3个方面就是适度规模化、合作化和品牌化。适度规模化是指种粮食需要适度规模化，一般大户种粮食至少需要300亩，否则投资机械和仓库都不划算，当然规模也不是越大越好，要根据自己的实际操作情况来看，像他这样的情况最好也要控制在2 000亩以内，否则管理上会出现问题。合作化就是指一定要创办合作社，种植面积大、产量多，品牌才可以做大。同时，很多企业会和合作社进行订单贸易，使得晚稻的收购价格高于其他种粮大户。付献军主要计算打造富硒品牌，另外也在做有机大米。

三、创新土地流转方式，促进粮食规模化种植

多年的粮食规模种植经验使付献军总结出土地流转的五种方式，即季节流转方式、一女二嫁模式、全年流转模式、反租倒包模式、服务性流转模式。

第一种，季节性流转模式。这也是最原始的“付献军模式”。其实，付献军这个创新的点子，说得通俗一点就是用免费的服务换取土地的经营权。付献军和农民签下协议，春季抛荒的农田，归付献军免费种早稻，当年7月20日前归还给农户种晚稻，付献军免费耕作、育秧、成熟后优惠回收。这种模式一经推广，农户纷纷把田交给了他。原因很简单，因为与付献军合作种一亩晚稻可以节约成本155元。同样，付献军也没有吃亏，现在

农村大面积承包土地很难，而用农机农技服务换取早稻的连片转租，机械化操作，节约了大笔的成本。看到“献军模式”利人利己利社会，县里的粮食规模种植户纷纷仿效，推广面积已经达到1.5万亩以上，对龙游县连年获得省和全国粮食生产先进县发挥了重要的作用。

第二种，一女二嫁模式。2008年，献军种粮专业合作社与建光蔬菜专业合作社配合，利用种粮与种菜的农事季节差，做起了地尽其用的文章，探索土地流转新机制，实现了种粮种菜两不误，深化和丰富了献军种粮模式。具体做法是，建光蔬菜合作社的300亩基地让给献军种粮合作社种一季早稻，收割后还给蔬菜合作社种蔬菜，献军种粮合作社为建光蔬菜合作社承担1/3的土地年租金。而献军种粮合作社的700亩基地原来冬种以油菜为主，现在改为种蒿菜、萝卜等蔬菜，由建光蔬菜合作社提供种子、技术服务并包收购。两家合作使土地得到了充分的利用，既防止了土地季节性抛荒，又增加了效益，实现了双赢。

第三种，全年流转模式。这种模式的操作方式比较简单，即付献军将农户的土地全部承包，每年每亩给他们400斤粮食，农户可以外出打工。

第四种，反租倒包模式。即通过村集体统一集中土地转租给付献军，付献军再聘用农户来帮助种粮，农户拿到租金又能有工钱。

第五种，服务型流转模式。刚开始的时候，连片的土地中有部分土地的农户不愿意流转，这些农民舍不得把土地交给合作社承包，尤其是五六十岁的农民。这就造成了土地不能连片，不利于统一品种进行规模化种植和机械化生产。付献军仍然有办法，他给这些农户提供育秧、插秧、机耕、收割等服务，农户依然拥有土地的经营权和收益权，而向农户收取服务费，并优惠30%。这受到了农户的欢迎，合作社虽然让利不少，但依然有利润。

四、生产富硒大米，打造龙游品牌

龙游县横山镇土壤富含微量元素硒，为浙江省富硒区之一。2004 年年末经过浙江省地质调查院的调查确认，龙游县内有龙北、龙南两条拥有富硒土壤的高效农业经济带，面积达 98 平方千米。我国是一个缺硒的大国，有 22 个省和部分地区，约 7 亿人生活在低硒地区。龙游富硒地带土层松厚，质地适中，矿质营养元素多，水源充足，在富硒的土壤上种植农产品可以当保健品卖。龙游人意识到，打响富硒特色品牌，开发富硒农产品，可以大大提高农产品的附加值，提高农业效益和农民收入。

于是，在当地政府的支持下，通过反租倒包模式，付献军在横山镇建立了 400 多亩的无公害富硒稻米生产基地。基地实行统一机耕、统一品种、统一育秧、统一插秧、统一施肥、统一病虫防治、统一收割等管理方式，并采用测土配方等植保技术。该基地种植水稻的同时，套养鲤鱼和水鸭，实现了富硒基地的立体种养结构。付献军说，富硒大米的销售形势看好，而且县里和镇里出台了扶持政策，帮我把基地的道路、引水渠等基础设施都建好了。

对于富硒米的运作模式，合作社现在主要是负责生产，其他部分的运作由一家加工企业、一家龙游的龙头企业和农业局推广中心负责。农业局推广中心负责“龙硒”牌商标的品牌宣传，另外，品种、选地都是由推广中心来敲定。年景好的时候，富硒米可以达到 4 元/千克，有时候产量高的话是 3 元/千克。然后，把生产出来的这些富硒米卖到龙游县金谷富硒农产品粗加工专业合作社，这是一个龙头企业，叫浙江金谷食品有限公司，由他们收购之后加工包装，运到杭州、上海等地销售。

付献军的种粮事业正在蒸蒸日上。也许有很多人不会了解种粮也可以致富，也是一份充满生机和希望的事业。但是，付献军看到了，凭着自己的眼光、努力和创新，他抓住了这个机遇，并且在多年的种粮道路上创新了多种模式，在龙游的农田上创造了属于他的奇迹。

案例四　李兴浩——卖冰棍卖出个亿万富翁

他曾是卖冰棍的农民，后来以18亿身家登上福布斯富豪榜，他挣的每一分钱都凝结着汗水。他把“言而有信”视作做人经商的最高信条，依靠诚信赢得人心，他将自己的公司拉出生死边缘，继而推向世界的舞台。他并不为经济的严冬而焦虑，反而感到兴奋。“等到下一轮经济周期，我们可能已经变成这个行业的王者。”他说：“当我发现一个更赚钱的事情，我就会毫不犹豫地转过去。”

一、走街串巷卖冰棍，积累经验遇商机

1982年，已近而立之年的农民李兴浩决定离开已经耕耘十年的土地去卖冰棍。当时，这种四五分钱一根的生意在他看来已是“暴利”。如今，这个佛山商人的主业是“微利”的空调制造，但却早已有了足够的身家，登上中国任何一份关于富豪财富的排名榜。和很多粤商一样，“有钱就滚大”是他的生意经。幸运的是，他也有着几乎与生俱来的商业嗅觉。

走街串巷的冰棍生意让李兴浩发现了不少商机。因为发现了不少工厂需要布碎擦机器，李兴浩就大批收购布碎加工，在一次次的推销之后，他的25千克布碎终于卖给一家机器厂，为他带来75元收入。

李兴浩的原始积累似乎永远不会停止。他说：“当我发现一个更赚钱的事情，我就会毫不犹豫地转过去。”进入空调业，同样是随机而动。他回忆说，“进空调行业之前，我开了间海鲜酒楼，酒楼空调常坏，一个月下来，维修费就上1 000元。后来，我就干脆请一个师傅来工作。”很快，李兴浩发现，维修电器比

卖海鲜更赚钱。1989 年，他注册了兴隆制冷设备维修中心，并组织伙伴们上广州下海南，四处吆喝兴隆的名号。两年后，公司成了全国最大的制冷维修中心，业务做到了整个广东。“顺着自己的生意链，我与一个台湾老板各出 600 万元合资建厂，最终进入了空调制造这一领域。”

二、千难万险不泄气，信心满满创事业

“我今天连开会的钱都没有，但是我的目标是造出世界上最好的空调。”在投产的第三天，李兴浩就碰上了史上前所未有的空调价格大战，这场大战引发的后遗症，几乎将新生的志高空调“扼杀”在襁褓之中。1993 年，中国的空调行业即将结束暴利时代，越来越多的进入者和由此加剧的市场竞争悄然改变着行业的生存环境。“那一年，科龙 1P 分体式空调降价 1 000元，所以，我要求自己的空调也向下调价，卖 2 980元，可一台空调的原材料价格就已经达到了 3 600元”。然而，“赔本儿甩卖”却并没有为志高换来市场。

1996 年，由于不认同李兴浩的做法，合作伙伴最终决定撤资。“当时，技术部、车间、营销主任都跑了”。合资方甚至对外宣称志高空调已经破产，致使志高空调的账户被佛山市人民法院查封，而第二天就是志高空调发工资的日子，数百人的企业在一夜之间空空如也，企业的血液被抽干，李兴浩陷入了绝望的境地。

所幸由于信用好，李兴浩获得了供应商的支持。李兴浩特意选择在广东的温泉胜地清远召开供应商会议，“我说，我今天连开会的钱都没有，但是我的目标是造出世界上最好的空调”。李兴浩说，自己是想告诉供应商，就像温泉一样，志高要开采才有价值，如果开发好了，将源源不断地给他们回报。会后，他给供货商开了张欠款 800 万元的白条，这张当钱用的纸条，先后在 3 个供应商手中流通，最后在 1998 年又回到李兴浩手中，成为一

个中小企业融资传奇。

如今，回忆起这段历史，李兴浩已经没有了当年的怨气。“我应该感谢这位合伙人，第一感谢他投资给我，帮助我走上了空调行业；第二感谢他离我而去，让我能够放开手脚按自己的思路发展；第三感谢他用这么复杂残酷的事来锻炼我的心智，让我具有更加强大的意志力去面对未来的任何困难。”

三、“CHIGO”：“中国，加油”

李兴浩说，无论遇到什么困难，自己“造世界上最好的空调”和“打造全球最大的制冷基地”的目标从来没有改变过。也正是因为这个“狂妄”的想法，他在创办志高时将志高 LOGO 的英文字母定为“CHIGO”，意思就是“中国，加油”。李兴浩至今仍为自己的这种全球化视野感到骄傲。

志高的发展史带有远交近攻的意味。早在 1995 年，志高就与日本三菱压缩机开始合作，日本三菱前任总经理原明参观志高时曾为李兴浩写下“空调学志高”的贺词。随后，志高又与韩国现代联姻，双方联合经营现代空调，与德国威能集团签订长期战略合作伙伴协议。到 2007 年 12 月，志高已经与日本三菱、韩国现代、德国威能、美国杜邦等全球 500 强企业联合成立全球首家“空调品质联盟”，成功地对全球空调产业资源进行了有效整合。

然而，真正将志高送上中国第四大空调商宝座的还是空调出口。1999 年，志高空调出口挪威，当地经销商将每台零售价卖到了 1 500美元，这深深触动了李兴浩。那个时候，李兴浩号召全公司寻找会讲英语的人，只要能够拉来国外的单，生意做不做得成，一律奖励。做成一单就重奖，做成五单就升任部长。如今，志高已经在 100 多个国家注册商标。

案例五　刘会平——巴比馒头成就创业梦想

一、初到上海，怀揣梦想

1998 年，安徽农村青年刘会平听在上海做生意的姐姐说上海生意好做，就怀揣 4 000元借款，准备到上海开馒头店。谁知，一下火车他就被吓懵了。

刘会平看着上海繁荣的景象心里有些打鼓："看这个架势我就怀疑了，都是这么好的条件，馒头几毛钱一个他们愿意吃吗？恐怕吃的是国外的面包、西餐、麦当劳吧？"

在这之前，刘会平凭着在老家学的做包子馒头的手艺，曾辗转在贵阳、南宁等城市开过馒头店，也算见过一些世面，可上海的繁华发达还是把这个仅初中毕业的小伙子给镇住了。接下来的两个多月，为了找到价廉物美的门面，刘会平跑遍了上海的大街小巷。最后，他在长宁区的遵义路租到了一间十平方米的小门面，开起了包子馒头店。刚开始的时候，刘会平对这个地方的口味不太了解，他做的馒头人家都不喜欢吃，只经营了半个月左右就亏损了四五千元钱。

借来的本钱亏了个一干二净，小伙子第一次在上海开店就惨遭失败。他伤心得哭了，一个人躲在床上，感觉非常难受。于是刘会平就托一个好朋友在一个很有名的生煎店里，请来了一个扬州师傅，他在上海做了好多年，熟悉上海人的口味，并且手艺非常好。在这位师傅的帮助下，没过多久，刘会平的小店生意开始火了起来。那时他的房东说："生意就是好，排队排得挺长挺长的。"后来，别人看到他的生意好，也纷纷来这边开店，在前面后面开起来好几家店。

到 2000 年时，这样的生煎包子馒头店开得越来越多了，加上是油煎食品，出于健康角度考虑，吃生煎的上海人逐渐少了。

刘会平却因此知道了上海人的饮食习惯。他发现上海人对吃的东西都非常讲究的，比如说他的面粉，吃起来口感要好，要有弹性，焰料肉要油滑，里面要汤水多，青菜还要青脆碧绿。

二、了解行情，进军新领域

此时，靠生煎包子店已经积累了十几万元资本的刘会平又有了新的打算。

不过，这次，他并不急于张罗开店的事，而是天天逛上了城隍庙。那段时间，刘会平尝遍了城隍庙的各式上海特色小吃。

刘会平逛城隍庙是要重整旗鼓开包子馒头店，而且，还想开出自己的特色，在以饮食讲究著称的上海，这可不像刘会平想象得那么容易。况且那个时候在上海，大大小小的包子馒头店早已占领了市场。

可刘会平经过观察却分析出了他们在经营和制作上的不足。小摊铺虽价格便宜，卫生却很差；而大的公司为图效率，都是采取机器搅拌制焰，吃起来不够脆。借鉴大公司和小摊铺各自的优缺点，2000 年，刘会平在黄浦区的繁华地段先后开了两家包子馒头店，店名叫刘师傅大包。

根据积累的经营经验，刘会平发现一个袋子不能装太多，最多装 5 个，把它放好了，放正了，特别是热包，不要让汤水漏出来。一时间，生意意想不到的火爆，以讲究口味自称的上海人竟然排队买起了刘会平的包子。这下，刘会平的包子不仅打败了小摊铺，还在市场上分了大公司的一杯羹。而刘会平做包子的秘诀就在制馅这个环节上。

三、包子好吃，馅上作文章

一开始刘会平的包子也没有那么好吃，他一直琢磨怎样才能做出适合上海人口味的好吃包子，苦苦思索找不到答案的刘会平，后来竟然从妈妈那儿找到了答案。

刘会平说："有一次，我妈妈从乡下带来腊肉给我们吃，我们就感觉非常好吃，猛然我想起来了，我们这个肉包做不好吃，原因还是在肉质上面。”

乡下的猪因为吃天然饲料，猪肉的味道也纯正一些。从那以后，刘会平决定，从安徽老家乡下购买猪肉运到上海，他这个决定让身边的人感到不可思议。

刘会平妻子回忆说：“投资那么高，我们当时心里面都没底，我觉得没必要，因为当时已经开了两个店，生意还可以，卫生方面也都合格”。但是刘会平却坚持自己的想法。

不仅如此，在制作菜馅时他还全部采取人工切碎，这些做法无疑大大提高了成本，可刘会平觉得，如果没有自己的特色，是不可能在上海的包子馒头市场占有一席之地的。

刘会平说：“一般的有规模的大企业做点心的，不会用手工来剁馅，都是用机器，这恰恰是我们的独到之处。我们这个手工切的青菜，口感非常好，非常脆，机器切出来的口感非常糊。”费这么大成本做出来的包子，只卖 7 毛钱一个，而 1 年的时间刘会平却能赚到 60 万元。

刘会平算了一笔经济账“其实我们这个馒头以单个来讲，利润非常非常低，一个就只一毛钱，但我们算的是它的量，只要我们的东西好，量上去了利润也就上去了。比如我们的包子每一笼是 25 个，5 分钟能够做出这样的两笼，也就是 50 个，净利润是 5 元钱，1 分钟就是一元钱。”

四、暗暗下决心，战胜大品牌

赚是赚了，可一个白领朋友的几句话，却给刘会平不小的打击。

像所有的大都市一样，在知名快餐店就餐是眼下一种时尚的消费方式。

2003 年，初生牛犊不怕虎的小老板刘会平要将这些品牌连锁店定为自己新的竞争对手。经过调查，刘会平发现像肯德基、麦当劳里面的食物属于高热量高能量的，多食会对身体不利。而在当今健康成为人们愈加关心的问题，显然这就是他们的缺点。而且像永和豆浆只能偶尔吃吃，经常吃有点贵。刘会平要钻这些中外大品牌的空子，他做的第一件事就是将“刘师傅大包”改了一个洋气的名字叫“巴比馒头”，并注册了商标，接下来又给店铺改头换面配上了相应的标志性装潢。这一改不要紧，竟然招来了报社记者的关注。

新闻晚报记者：“我们就觉得这种馒头怎么卖得这么好呢，是不是取了个洋名的原因，上海人崇洋，这边有海派的心理嘛，基于这个原因我就去接触了一下。就是从包子店来讲，它这个门面的设计也好，服务理念也好，应该说在他们那个行业内还是比较醒目。”而上海的顾客们都觉得一般人们说土包子，带一些洋气的品牌会让人更容易接受。况且刘会平的包子并不比肯德基、麦当劳差。此时，刘会平感觉自己向知名品牌那样发展连锁经营已成为可能。2004 年，他以加盟的形式，迅速在上海发展了 14 家连锁店。

五、困难再大也要相信未来

成了总经理的刘会平每天都会接到一些要求加盟的电话。然而，2004 年 11 月的一天，他却接到了一个特殊的来电。对方声称他被巴比公司给骗了。

加盟者说：“网上宣传得很厉害，而且他让我们去看的是刘总那个店，我们都去考察过的，看他那个店生意是好，所以就同意加盟这个公司。”刘会平到自己的连锁店一观察，果然发现有一些可疑的人。再上网一查，才知道有人在上演空壳套加盟的真实谎言。刘会平发现那些骗子让加盟者到他们那儿去加盟，让加盟者到我们店里来看。原来是有人打着刘会平的巴比品牌骗取加盟费，靠钻市场空子发家的刘会平，这下竟被别人钻了空子。他一气之下，将对方告上了法庭。

2004年11月17日，上海市第一中级人民法院正式审理这桩经济纠纷案，一审开庭时被告缺席。虽然案子暂时尚未判决，但刘会平说他对审判结果胸有成竹。此案引起了上海各新闻媒体的关注，也使刘会平再度成了上海滩的新闻人物，与此同时，他的巴比品牌也成了被同行竞相摹仿的对象。各种近似的招牌纷纷分流他的顾客。

仿冒风波使刘会平的巴比馒头在上海滩的名气更大了，他的店里也因此多了一些特殊的顾客。一次，一个日本顾客竟然用保温桶来买包子带回日本去吃。这件事启发了刘会平，通过了解，他得知日本市场上这种新鲜包子不多。刘会平又萌发了一个大胆的想法，下一步，他要把店开到日本去，去占领日本市场上的空白点。

案例六　卢旭东——从摆摊到开超市

北京朝阳公园西门附近有一个叫做“珍妮璐”的小超市(JENNY LOU S SHOP)，招牌一点不显眼，可进进出出的顾客大部分都是蓝眼睛、高鼻梁的老外，让人很好奇。

向周围的居民一打听，才知道这是个“专门挣外国人钱”的店。和店里店外的老外一聊，几乎人人都翘起了大拇指“我喜欢那里。”进到店里仔细一看，吃的、用的、许多新鲜玩意儿都是以前在超市没见过的，上面的说明是英文、法文、德文……一个中国字儿都没有。

这个天天和洋东西打交道的超市老板，不是什么名牌大学的高才生，更不是什么“海龟”，而是一位只有初中文化的打工仔。他，叫卢旭东。

从摆地摊卖菜到“珍妮璐”蔬菜连锁店，再到如今在京城寸土寸金的繁华地段拥有的11家颇有模样的小超市，卢旭东用了10年时间。

一、吃亏捡商机

因为家贫，卢旭东初中毕业就辍学回家务农了。1992年，为了生活他来到北京打工，从小吃苦长大的他开始在建筑工地给人家做小工，辛辛苦苦两年后，他发现自己根本就没赚到什么钱。

1994年初，卢旭东决定去三里屯市场卖菜。当时由于妻子王建平怀着孩子，他叫上了妻妹王建英一起干。

那阵子真的很苦，卢旭东和王建英两人每天凌晨两点多起床，去几十里外的批发市场进货，菜拉回来之后，天还没亮就得去赶早市，如果哪天生意不好，散市时菜没卖完，他们还得蹬着三轮车到附近居民区里吆喝叫卖。最终王建英受不了这样的苦，进了一个工厂打工。

蔬菜摊的生意一下子冷清了许多。卢旭东一个人忙活着，可不管怎样努力，少了一个人照应生意就是大不如从前。进货时抢不过别人，每天只能少进几个品种的蔬菜，一些抢手菜品，他根本就抢不到。卢旭东印象最深刻的是：有一段时间西葫芦卖得特别好，卢旭东很难进到货，即使偶尔运气好，抢到一些，也都是人家挑剩下的小个儿……正在卢旭东一筹莫展时，这小个儿的西葫芦却给他带来了商机。

那段时间，细心的卢旭东发现，光顾他的外国顾客明显多了起来。经过一段时间的观察，他发现老外挑菜，不仅要蔬菜新鲜、水嫩，还喜欢个头小而饱满的，和我们中国人爱挑大个儿的习惯刚好相反。百思不得其解的卢旭东和许多熟人都说起这事，最后一个朋友告诉他，这是东、西方审美情趣差异和饮食习惯不同的缘故，西方人认为小巧的菜品不仅好看，而且营养价值高。

于是，卢旭东每次去批发市场进货都会刻意挑人家剩下的小巧菜品。这一招果然见效，卢旭东的生意很快火起来。一段时间后，他抓住机会，到批发市场与一些供货商签了一份“皆大欢喜”的合同——所有的小巧菜品都归他。

二、从不赚钱的买卖开始

卢旭东的妻子王建平负责超市的进货，这个看上去很朴实的中年妇女说：“我们不懂英语，一开始也就是顾客教一句我们会一句。现在我们进货也是根据顾客需要和身边朋友的建议，顾客需要什么会告诉我们，我们再想办法去找。”许多人都无法理解一个不懂一点儿英文的“土鳖”居然能专和老外打交道，还经营得如此好，卢旭东的理由也非常简单——诚信。

有一次，美国大使馆的后勤人员向卢旭东定了一卡车小个儿的西葫芦，一个礼拜后交货。因为货的数量大，短时间在附近凑不齐，需要去几十里外的另一个市场采购，但这样一来，加上运费根本就是一桩不赚钱的买卖。卢旭东为了不失信于人，又考虑节约成本，愣是自己蹬着三轮车一车一车往回拉……当使馆工作人员准时收到货时，满意得翘起大拇指：“卢，你是讲信誉的，了不起！”从这次不赚钱的买卖开始，卢旭东的生意越来越好。许多大使馆、外国餐厅都慕名找他。在外国朋友的帮助下，他开起了自己的第一家蔬菜店——JENNY LOU S SHOP。

卢旭东的店发展得并不顺利，因为做得太红火，遭到同行嫉妒，各种各样的麻烦接踵而来。先是一帮小流氓隔三差五来闹事，更有甚者通过关系让电力部门切断了店里的电源，这样的打击是致命的：不仅生意没法做了，许多需要保鲜的货品都腐烂掉了。卢旭东通过司法机关的介入，最终将电源恢复，可小店的生意却倍受打击，甚至到了入不敷出的地步。

正在这个时候，一些外国朋友主动帮助卢旭东把三里屯的店搬到了酒仙桥，卢旭东的店也越开越多，搞起了连锁经营，甚至在郊区大兴承包了一片土地，建立了自己的蔬菜基地。

卢旭东的诚信为自己赢得了众多的朋友，也赢得了更多的机会。

三、无招胜有招

“我们没经验，摸着石头过河，就从蔬菜摊做到了今天。”王建平总结不出什么生意经，卢旭东也始终不认为自己有什么经营之道。

“这儿的服务很好，虽然员工都不怎么会英文，但他们都很和善。而且这里能买到许多我喜欢的东西，这些东西在别的地方都没有。”一位来自北欧瑞典的顾客对《时代人物周报》说。

店里的员工大部分都不会英语，卢旭东对他们的要求就是要诚实、友善。卢旭东的“国际化标准”服务也很浅显：不管哪国人，以心交心总是行得通的。

“我们没想过能做到今天这样的规模，我们只想着一天比一天做得好，客人一天比一天满意。以前店特别小，我们尽量从环境和货品上去满足客人。现在那么多大超市、洋超市进驻北京，我们也只能尽自己最大努力去做。”王建平说。

如今，卢旭东也有自己的一套管理方法，每天开着车去各个店抽查，看看货摆得好不好，顾客满意不满意。“发现什么问题就解决什么问题，好的表扬，坏的批评。”提到今天成功的原因，王建平唏嘘不已：“以前我们和别人家一样都是个小摊，可老卢就是收拾得干干净净，菜都码放得整整齐齐的，人家一看我们家的菜就有食欲，所以我们的菜卖得好。而且我们不骗人，缺斤少两的事从来不做，顾客都不是傻子，时间长了他们也都明白谁家的菜实在、谁家的菜听着便宜可总不够斤两。看我们做得好了，多少人跟着我们学，可他们的店开了又倒闭了，我们就是实在，不欺骗顾客，而且我们的货品也是其他店没法比的。”所有的道理听起来都是那么简单，可 JENNY LOU S SHOP 偏偏就成功了。也许“说”和“做”之间确实存在很大的距离，卢旭东和王建平说不清他们到底付出了多少，但他们却一步步地做到了今天。

王建平告诉记者，他们现在除了从供货商那里拿货，也开始自己和别人拼凑一些集装箱，直接从国外进货，“这样的货品很受顾客欢迎，价钱便宜，而且是本店独有的，可是因为货源不稳定，容易断货。”如今，卢旭东有一个心愿，那就是想做一个一流的基地，然后组织客人去参观，他想让大家都知道 JENNY LOU S SHOP 的东西的确是“绿色环保”的。可王建平极力反对：“我觉得这是不实际的。虽然这个愿望是好的，但是现在的条件不可能那么简单就能做到，比如土地不好，你不上化肥菜根本就不长。可是你一旦承诺（不用化肥）了，就不能骗人，一点都不能骗人。”

案例七　邱文钦——从小木匠到文具大王

邱文钦，一个建筑工地的上小木匠却构筑出了中国最大的文具连锁王国——都都文具。现如今，邱文钦的 33 家文具连锁店和一家文具分公司，已开遍了深圳、北京，他的身家早已过亿。

一、艰辛的人生和辛苦的打工路

1970 年，邱文钦出生在广东陆丰县碣石镇一个偏僻的农家。在他 6 岁那年，父亲不幸病逝；8 岁时，母亲又离开了人间，从此他成了孤儿。没有人照顾他，他与大他两岁的哥哥相依为命。那会儿，别说上学，就连一日三餐填饱肚子都成问题。命运逼得小兄弟俩只得放下书包，杠着锄头赤脚下地种田。每日日出而作，日落而息，成了太阳底下最可怜的人。那时，他们不仅自己做饭、洗衣，花每一分钱都计划着，而且每每劳累了一天后，回到家也没有个人嘘寒问暖。小兄弟俩想起记忆中有父母关爱的幸福日子，常常泪水涟涟。每当看到别人家的孩子背着书包上学时，邱文钦就会忍不住投去羡慕的目光，他在心中一千遍地想，等以后自己有了钱，一定也要背起书包上学堂。但这个童年的梦想始终未能实现，后来成了埋藏在他心中的一个最神圣的记忆。

这种日子一直持续到1985年。15岁的邱文钦和哥哥在姑妈的安排下，拜当地的一个木匠为师学做木工。每天跟师傅学拉锯子、推刨子。为了能尽快学到真手艺，兄弟俩还想方设法讨师傅欢心，不仅免费给师傅打工，还包揽了师傅家里所有的粗重家务和田地里的农活。就这样，从早到晚，兄弟俩在高强度的劳动和学习中熬过了3年光景。这3年里，邱文钦任劳任怨，吃苦耐劳，勤学苦练。凭着自己的坚强毅力，终于师满出徒，学得了一手漂亮的木工活。

1988年，刚刚兴起的打工潮几乎席卷了中国所有的内地城市，许多热血青年纷纷离乡去陌生的城市实现自己的梦想。兄弟俩也对外面的世界充满了憧憬。

后来，兄弟俩一合计，决定一起外出打工。邱文钦想：在家中仅仅混一口饭吃，终究难有大出息，不如出门闯一闯，说不定就闯出一番天地来了。再说自己有一技傍身，走到哪里都不至于饿死。1988年年底，在左邻右舍、亲戚朋友的帮助下，兄弟俩好不容易借到了240元钱，坐上了开往深圳的汽车。

当时的深圳还是一片荒山野岭，连一条像样的公路也没有，但所到之处都是机器轰鸣之声，一派热火朝天的景象。看到这一切，邱文钦身上的血顿时热了。他庆幸自己赶上了创业的好时候！

然而，深圳也并不是他想象得那么好找工作，兄弟俩在街头浪迹多日，费尽周折后好不容易才找到了一个搞装修的老乡。老乡看他兄弟两人忠厚老实又能吃苦，就收留他们在工地做工。

兄弟俩在深圳总算有了落脚之地，自然对收留他们的老乡感恩不尽，只知道拼命地干活。在老板手下，每天他俩活儿干得最多也干得最好，不管刮风下雨，工地远近，都随叫随到，再苦再累也毫无怨言。第1个月，兄弟俩各领到了330元工资，除去90

元的生活费，还有 240 元钱。兄弟俩长这么大还是第一次挣这么多钱，晚上住在四壁透风的工地上，邱文钦把揣在怀中的钱拿出来摸了又摸，辛酸和欣慰、感慨和激动交织着一股脑地涌上心头，他辗转反侧，一夜未眠。想着深圳的钱这么好挣，邱文钦在心里暗暗发誓：一定要在深圳混出个模样来！

在老乡的工地上做了一年多的小杂工，到 1989 年年底，兄弟俩辛辛苦苦好不容易攒了 4 000多元钱。邱文钦心想：如果一味地给别人打小工，可能一辈子也实现不了自己的梦想。经过一番深思熟虑，兄弟俩决定跳出来单干。他们在黄贝岭租了间每月 200 元房租的铁皮房，印刷了些承揽家庭装修业务的小卡片，四处派发，上门揽一些零碎的木工活儿。由于没有本钱，他们只好从别的包工头手中再转包下工程中所需的木工活儿，这样一来，他们既不承担什么风险，也能从中赚到比以前给别人打工多几倍的钱！

由于兄弟俩的木工手艺好，加之做事认真负责，因此在装修这个行当中，兄弟俩口碑好、人缘好，许多对他们业务十分满意的装修住户，又把他们推荐给自己的亲朋好友。于是兄弟俩的生意越做越好，到了 1990 年，手中有了一定积蓄的兄弟俩已经可以自己扯一干人马独立承揽整个家庭装修工程了。

二、邱文钦创业的起点

邱文钦一边自己承揽装修工程，一边四处寻找别的赚钱门路。1991 年冬天，机遇终于光顾了诚实肯干的他。这一年，邱文钦一个在深圳市东园路开名片印刷店的老乡因生意不景气，欲将名片店转让出去，转承费只要三四千元。经过一番市场调查，邱文钦大胆地将这个名片店接手承包了下来，和店铺一起接过来的还有原来店里的两名员工。

店铺所处位置不错，然而生意却不景气，邱文钦认为主要是员工责任心不强、缺乏主动性造成的。于是他马上制订了激励制度：员工每联系印刷一盒名片，就在原有工资的基础上提成10%。此举一出，两名员工也一改以前那种得过且过的工作态度，每天想方设法为店里联系业务、招揽生意，同时也为自己增加了收入。不久，邱文钦名片店的生意做活了。

但由于名片店里机器设备老化，每天无论邱文钦怎么紧张，最多也只能印制二三十盒名片，除去成本、房租和员工开支外，也就所剩无几了。他想更换设备，提高工作效率，但他一打听，更换一台新的名片印刷机器，差不多要上万元，而邱文钦一下子又拿不出这么大一笔钱，这使他又犯了愁。

三、细心发现商机

一次，一位文具店的业务员来给他推销名片纸，随身的挎包里还插着一大包钢笔、圆珠笔及其他文具。邱文钦看到这些东西眼前不禁一亮，他想，自己可以一边印名片，一边卖文具，这样两不相误，并且在名片店里卖文具也挺配套的。

邱文钦说干就干，他利用自己精湛的木工手艺，在名片店的内墙一侧，做了个精致的文具售货架，再装上透明玻璃，一个漂亮的售货架立马就成了。开始的时候，邱文钦只是在这名业务员手中购进一些文具，零星搭配着卖，谁知到月终一结账，他竟然发觉零零碎碎卖文具赚的钱已经超过了每日辛辛苦苦做名片赚的钱！

邱文钦不禁惊呆了！他马上意识到文具这个小行当里蕴藏着巨大的利润空间。但是让一个文盲去卖带有强烈文化色彩的文具用品，能行吗？邱文钦开始心里也直打鼓，可他后来转念一想：世上无难事，只怕有心人。只要自己认准了，就一定义无返顾地走下去。再说自己虽说没有文化，但可以请一些高智商的人来给自己出谋划策，以人之长，补己之短，相信是可以克服自身缺陷的。如此一想，邱文钦的信心就更大了。

四、用心经营，创立“都都”

1991 年正是深圳大发展的黄金时期，各种各样的公司、写字楼一家接一家地开。文化办公用品的需求量很大，文具市场前景广阔。这一番市场调查更坚定了邱文钦挑战自我的决心。

1992 年初，他将手中仅有的 7 000元钱全部拿出来，用来批发一些新潮、适用的文具用品。此时，制作名片已退至副业，卖文具一跃成了主业。不到一个月，邱文钦所进的文具被销售一空，赚的钱也是以前的好几倍，邱文钦暗暗庆幸自己选准了路子。于是，他开始周而复始地进货、销货，慢慢地熟悉了文具这个行业，店里的货也越进越齐全了。到了第四个月，手中已有了两万多元存款的邱文钦为了扩大经营规模，他又将名片店隔壁的一间 10 多个平方米的发廊转租了下来，自己装修一新后，成了一间文化用品专卖店。

天下原本没有路，在荆棘丛生的地上踩踏的次数多了，脚下就有了一条路。在商海里反复筛淘，邱文钦终于找到了一根足可以让他发家致富、安身立命的“金稻草”。

又经过一年多的磨练，邱文钦的事业有了长足的发展；资金积累逐渐增多，进货渠道也越来越广，并取得了韩国、日本等七八家国外文化用品公司的代理权。加之他有深圳大企业做稳定的用户。自然而然，他的业务量飞速上升，从此一发而不可收拾。

“不管大步小步，都要领先一步”。这是邱文钦的经商之道。1990 年，深圳超市经营最先由香港百佳引入。“超市”的自选特点给了消费者较多的自由选购空间，从而使顾客盈门。而当时在中国还没有一家像“麦当劳”、“肯德基”那样有名气的国际连锁店。

邱文钦敏锐地捕捉住了这个商机。1993 年，邱文钦开了自己第二家文具分店。到了 1994 年，一年之间，他又一口气开了四家连锁分店。1995 年，他注册成立“都都文化用品有限公司”。从1993年到1995年三年间，“都都文具”的超市连锁经营方式给这个行业吹来了一股新风，极大地搅动了这个市场，“都都”专业文具小超市在深圳成了一道亮丽的风景线。

在创连锁店的过程中，邱文钦始终从服务、质量和市场的每个环节做起，并在管理上不断上档次、实施管理创新。他的理念是：现在做生意，必须以消费者为中心，以消费者的需求为第一需求。以前的文具店是在百货公司的柜台里等顾客上门，而不主动送货上门，提供服务。而“都都”文具不但在经营中为顾客提供主动的服务，邱文钦还从提高服务质量入手，培养员工的服务意识，严把进货质量关，经营的货品必须是正规产品、正规品牌，从不允许假冒伪劣产品在本公司出售。靠着消费者良好的口碑逐渐树立起自己的形象。

邱文钦还在价格合理化、品种齐全化上做文章，做到所有连锁店价格统一，明码标价；以顾客只要走进“都都”文具店，就没有买不到的文具来作为要求自己的标准。作为全市文化用品行业最早送货上门的公司，为了在竞争中取胜，送货曾送到深圳宝安、布吉等较偏远地区。靠取信于顾客的信誉和质优价廉的实惠，一步步打开了深圳市场，得到了社会的广泛认可。

五、经营的成败，在于管理

“都都文化用品有限公司”成立后，只有25岁的邱文钦为了使企业有更长远的发展，开始在管理上下功夫，并制定出一套先进科学的管理方法。

“开好中国第一文具连锁店”是“都都”的经营目标。而人才又是一个企业的灵魂。邱文钦知道自己没有什么文化，但他却懂得利用别人的文化为自己赚钱。在公司成立之初，他就开始聘用总经理，公司实行总经理负责制，从而杜绝了“家族式企业”的种种弊端。此举在当时的深圳民营企业中还是很少见的。在用人机制上他也实行“能者上，庸者下”的策略，哪怕是家乡的亲戚求职，如果没有能力，也只能做清洁工。如今，公司员工不乏博士、硕士等高级人才。同时，为适应企业的可持续性发展战略。2000 年初，“都都”文具与黑龙江财贸学校签订了人才培养协议，专门开设“都都班”，邱文钦这个没上过 1 天学的乡下苦孩子受聘兼任该校名誉校长。同时，“都都”又与分布在全国的另外 3 所商业学校签订了人才共同培养协议，开设“都都班”，为“都都”培养后备人才，为“都都”在全国拓展做好人才储备计划。

到今天为止，“都都”文具已在深圳开了 33 家连锁店，在北京开了 1 家分公司，员工已发展到 600 多人。销售产品从价值几角钱的铅笔头、橡皮擦，大到价值数 10 万元的投影屏幕、投影机及整套的办公自动化设备。公司的总资产已过亿元！

六、邱文钦成功的启示

一个文化办公用品企业不能没有自己的企业文化。“都都”在起步之初，就全面实施导入“CI”管理理念，连锁店开到哪里，“都都”店面招牌的主黄色调就刷到哪里，这同时也是一个良好的户外形式广告。不仅如此，每天早晨“都都”员工都要上早课，“都都”早课必读里有一条“讲礼貌、讲道德、讲业绩、讲正气”。对于此邱文钦说：“正规的教育我接受得非常少，但我努力、勤勉、求知，我把品德看得很重要。对于企业、对于员工都是如此，所以要求员工要讲正气。”从邱文钦的系列行动不难看出，他的意识早就从原来仅仅是自我发展的生存意识升华到“服务社会”的崇高社会意识。邱文钦目前是深圳市罗湖区政协委员，发展企业的同时，邱文钦也积极参政议政，为中小企业的发展向政府提出了很多良好建议。10 年风雨创业路，邱文钦在文具这个不起眼的小行当里做出了令人刮目相看的大业绩。从一个目不识丁的小木匠，一跃成为名震中国的文具连锁大王，这是现实生活中活生生的一个创业奇迹。他成功的背后，可以给我们这样的启示：成功的企业家不一定都是从大学学堂里培养出来的，有不少是在社会实践中磨砺出来的。一个人，无论他的文化背景如何，只要敢于挑战自我，照样可以获取成功。

案例八 王政权——种烟人的故事

他是一个从小生长在贵州山区的普通农民，但是他却赢得了2006年度“遵义县十佳杰出青年”的荣誉称号，入选2007年度“遵义县十佳致富能手”候选人。一个只有高中文化的普通农民，却能站在烟农培训的讲台上向烟农侃侃而谈自己的种烟经验，让台下的烟农大呼“真的了不起”，他不是企业家，也不是政界能人，他只是贵州遵义县新民镇新民街上的一个普通农民，他叫王政权。但是这个王政权，却靠着勤劳的双手、灵活的头脑，在烟叶规模化种植上走出了独具特色的种烟模式——王政权模式，成为远近闻名的能人，成为烟农心中的“科技特派员”，王政权模式也成为烟草行业发展现代烟草种植的一个活生生的样本。

一、打工的结束，种烟的开始

王政权的老家是以种烟为生的，1987年的王政权是一个新郎官，家里分到了两亩烟田，他们就是靠着这两亩烟田来养家糊口的。但是，由于种烟的规模太小，用工多，工序又较为复杂，因此一年下来，尽管天天围着烟田转，但是王政权一家没有赚到什么钱，甚至家庭生活也是举步维艰。

现实困境让王政权不得不寻找其他出路。在他最为困难的时候，改革开放的春风吹到了贵州大地上。和镇上大多数年轻人一样，为了生活，王政权不得不外出打工，他先后在广州、浙江、上海经历了近五年的打工生活。外出打工的生活很苦，活不好找，有时候能赚到钱，有时候赚不到钱，人在外面飘，越发想家。1993 年，王政权毅然放弃了继续打工的念头，回到贵州。

由于是从种烟开始到打工的，王政权一开始也没有想到要大规模地种烟，而是选择种植在当地经济效益较高的南瓜。2001—2003 年，王政权在贵州绥阳等地尝试组织农民种植南瓜，由自己收购到市场上去销售，从中赚取市场差价。但是在这三年里，种植南瓜却有赚有赔，刚开始的 2002 年，由于南瓜市场行情好，王政权赚了不少钱，但是 2003 年南瓜市场行情下降，他又赔了不少，市场波动使王政权开始思考什么行业既能有效规避市场风险，又能踏踏实实赚到钱，他首先想到的就是自己祖辈世世代代从事的种烟产业。

当时贵州山村大批农民外出打工，很多土地抛荒，贵州烟叶种植处于低谷，烟农种烟积极性低。为了保持种烟的稳定性，当地政府和烟草部门采取了积极措施，促进土地流转。精明的王政权敏锐意识到，规模化种烟是一条既能规避市场风险又能赚钱的好路子。2004 年，王政权从绥阳回到家中，正式开始了自己的规模化种烟之路。

二、土地流转想新招，规模种烟谱新篇

根据以前自己种烟的经验，从一开始王政权就知道，不进行规模化种植是无法取得好的经济效益的，而要想进行规模化种植，就必须推进土地流转。用王政权自己的话说就是，“如果种一亩地能得到 1 000元的收益，我不认为这算是赚钱，如果种 100 亩地，每亩得到 100 元的收益，我认为这才是赚钱。”

因此，为了获得土地流转承包经营权，王政权特意找来了村民组长。在当地烟草部门的帮助下，通过一家家的协商，最终租用了 130 亩土地，其中有 80 亩还签了 15 年的租用合同。土地流转之后，最棘手的问题是启动资金，此时已经抱定种烟致富想法的王政权特意拿出自己多年以来的积蓄，还在当地农村信用社贷款 8 万元。王政权的规模化种烟之路就这样开始了。

为了能种出好的烟叶，仅有高中文化的王政权竟然不惜本钱找来挖土机对土地进行深耕，还将土壤分别送到烟草研究所做土壤分析，实现了测土施肥，为烟叶的生长费尽了心思。村里人用很惊讶的眼光看着他，但王政权不顾别人的看法，坚信自己能够在这条路上成功。

三、辛苦种烟事，管理费心力

有了土地，在种烟的道路上迈出了坚实的一步，但是王政权心中并不踏实。由于担心种烟失败，刚开始的头两年，王政权几乎包办了从物资购买、烟叶种植、雇工记账、工资发放的每一个环节。一个人的精力总是有限的，而且有的时候，事必躬亲效果并不是很好，王政权开始意识到规模化种植需要提升管理水平。

从 2006 年开始，王政权借助自己从大公司学到的管理经验，将雇工分组细化，并聘请了总管、组长，形成了自己的管理团队。为了激发管理人员的积极性，王政权不惜开出几百元到 1 000元的工资，对管理人员进行长期聘用，由他们负责烟叶生产的管理环节。在王政权的“2008 年管理人员责任细则”上，清晰地列着以下条款：一切工人听从总管的安排与吩咐，负责好自己管理范围内的各个环节的工作；对组长和员工说话要和气，每周组织组长和员工开一次会，工作不到位或不按时做好的，没有当月的考核费；全年的总结考评中，没有考核费的，分月扣除 200 元。

除了加强管理，王政权还非常注意提升管理人员的素质。2006 年年底，王政权带着 4 名管理人员坐飞机到云南学习种烟经验，与当地烟农交流。尽管花费 7 000多元，但管理人员掌握了很多烟叶管理的细节，而让农民坐飞机出去学习的行为，在当地也传为佳话。

为了进一步强化烟叶生产环节的管理，2008 年，王政权还对烟区劳动力资源进行了整合，组建了育苗、机耕、运输、植保、烘烤、分级等主业服务队伍，并组织各种技术培训，推广机械化作业。此外，在管理的同时，也不忘对员工人文关怀，员工生病或者过生日，王政权不管多忙，都要亲自前往看望。

在提高员工素质的同时，王政权也不忘给自己充电，提升自己的管理素质。2008 年，王政权还特别抽出时间报名参加中国广播电视大学农业经济管理的函授课程。

通过给员工适当的放权，从前事必躬亲、忙忙碌碌的王政权逐渐变得轻松起来。2008 年移栽的大忙季节，有 100 多人在地里干活，他却游刃有余，还有时间到其他地方给烟农讲课，这与从前三四十个工人都忙不过来的情况形成了鲜明的对比。

四、合作创新，共创财富

现在的王政权是大家公认的种烟能人。但是王政权自己心里知道，在别人眼中风光无限的他，发展过程并不是一帆风顺的，他能够走到今天，曾经历了不少人生与事业的坎柯。

2006 年 6、7 月，贵州遭受严重的旱灾。受灾害的影响，王政权经营的烟田烟叶产量明显下降，烘烤质量也很差，当年实际亏损 8 万元。但是王政权并没有丧失信心，反而清晰地认识到土层越厚的地块抗旱能力越强。因此，王政权在下一年的土地租赁过程中，高价租赁那些抗旱能力强的土地，而不是盲目扩大种植规模。同时，他还自己出钱建立部分水利工程，烟草部门也配套修建了一些供水工程，从而保证了烟叶的稳产稳收。

随着种植规模的扩大，劳动用工与土地供给的矛盾也日渐突出。2005 年和 2006 年，烟区大量农民外出打工，烟叶的生产阶段雇不到工人，工价随之上涨，村民也不愿意出租土地，引发土地紧缺无工可用等问题。困难面前，王政权陷入深深的思考，这一次王政权把解决问题的希望寄托在合作经营模式上，事实证明，这是正确的。

2008 年，除了原有的租赁土地保持以前的种烟模式外，王政权通过与农户签订协议的方式，开始了由他提供产前投入、技术指导、田间管理、烟叶供烤与分级销售，农民投入劳动力，双方共同组织烟叶生产的模式。农民只需要按照技术要求进行移栽、打顶、采收，其他都由王政权及其雇工负责，并在各项工作结束后按照“334”的比例进行分配，尽管王政权会因此收益减少很多，但是他心里踏实，烟农种烟效益比种水稻、辣椒、玉米要合算得多。通过这种方式，烟农进行合作种烟的积极性提高了，王政权经营的烟叶种植规模也不断扩大。

五、发展循环经济，造就崭新梦想

随着烟叶种植的深入，王政权也认识到，常年在同一块地上种烟，会导致土壤板结，种植不出好烟。为了解决这一问题，在烟草部门的建议下，王政权又打起了循环经济的主意。从2007年开始，王政权开始探索烟叶轮作和冬闲烟地种牧草，牧草养牛、牛粪肥田的循环经济。

王政权的循环经济模式是这样的，在地里的烟叶收获后种上牧草，草打成料后用来养肉牛，通过养牛增加综合效益，建沼气池将牛粪用来产生沼气和沼渣，沼渣代替化肥回施到田里提高土壤肥力，初步形成“烟—草—畜”的循环农业模式。

发展循环经济，除了带来更多的经济效益外，烟田得到了合理的修养，提高了土壤肥力，减少了病虫害的发生，也带动了当地畜牧业的发展，实现了劳动力就地务工，一举多得。

王政权认为，自己一个人富了不是真正的富裕。只有带着大家一起富裕才是真正的富裕。因此，他自己拿钱修缮边远烟田的道路，改善坡地的肥力，向有困难的烟农提供帮助。如今的王政权是一个朴实的烟农，也是一个懂经营、善管理、有市场意识、能带领当地人种烟致富的能人，以自己的威信和能力带领大家走上致富的道路。

很难想象，在贵州的大山深处，能有这样一位既懂经营、善管理、有市场意识，又具备社会公德心和为人民服务意识的能人。拥有王政权是遵义县新民镇新民街的财富，对整个烟草农业而言，王政权也算是一笔财富。在国家的烟草行业烟叶生产品牌化、规模化的前提下，传统的小农生产、分散种植、粗放经营的烟叶生产方式已经不适宜烟草行业发展的需要，烟草种植业需要千千万万个像王政权这样能够推动烟叶生产组织方式创新，引领现代烟草种植业发展的人。

案例九　郑航干——蔬菜园子里的创业梦

刚过而立之年的郑航干是浙江省萧山进化镇城山村的一名普通的村委干部。高中文化的他曾经过商，也在城管办做过事。五年前，他辞去了别人眼中的那份好工作，走进了菜园子，靠着别人看起来不起眼的蔬菜，为村里摘下了2006年进化镇“效益农业”一等奖的桂冠，还连续多年给村里争得镇“现代农业发展奖”二等奖的殊荣。与此同时，他领头创办的“杭州萧山城山蔬菜专业合作社”也多次获评进化镇十佳农业企业。郑航干是一个再普通不过的农村人，但是他凭着自己的意志和踏实肯干，开创了一份属于自己的事业，他不是一个聪明的生意人，他赚的是起早摸黑的辛苦钱。

一、抓住机会，创办合作社

郑航干是当地出了名的蔬菜种植大户，有关他的先进事迹，许多农业信息网站都做过报道。说起当初创业的动机，他说是受几个外地人的启发，几年前有些四川人来到城山村租了几十亩地，还搭建了不少塑料大棚，当时他觉得很奇怪，就上前询问他们的用意，后来才知道，他们是种植反季节蔬菜，说一年能赚十几万。郑航干灵机一动，既然蔬菜市场有这么大的商机，为何不从事蔬菜种植呢？于是，郑航干专门去镇上咨询了相关的政策，了解到国家对农业创业的支持力度很大，不仅全免税收，还会提供技术、资金等多方面的资助，大大降低了创业风险，回到村里他就开始行动了。要想种蔬菜，土地最关键，于是，他挨家挨户地询问村民土地流转的意愿，可是却遭到了村里人的误会。村民误以为他是帮村委会征收大家的土地，再把它们转让给别的单位，从中赚取好处费的。最后经过解释，加上村委做担保，才租到了 50 亩地，一年付 600 元每亩的租金，但是没有固定的租赁期限。

但是，郑航干把事情想得太简单了，要想大规模的种植蔬菜，开始的投入是一笔不小的数目。单是土地费用就是一项不小的开支，加上仓库、货车等设备和蔬菜基本生产资料，家里仅有的资金根本不足以运作这个计划。村里的几个干部为了支持他种植蔬菜，主动加入了蔬菜种植合作社，分担他的资金压力，最后郑社长又以自己的名义向银行贷款，东拼西凑地算是把钱攒足了，第一年就这样动工生产了。

二、继续扩大种植规模

那时的郑航干很年轻，比较缺乏农业种植经验，眼看着 50 亩的耕地却无从下手，但是，他没有退缩，他相信凭着自己的努力，一定可以干出一番成绩。他决定首先从简单的入手，先选择一些比较常规的蔬菜，如番茄、茄子等开始种植，为了鼓励农民创业，区农业局还特意派专家对其进行栽培指导，这样勉强也能看到资金的进账。但一年下来，除去各项开支和股东分红，剩下的钱又全部投进了菜园子，换句话说就是一年的经营几乎是没有利润的，这样就是等于白干啊。还有不巧的是，当时村干部以为郑航干的蔬菜专业合作社运营良好，就纷纷退了股，给他带来了巨大的资金困难。而在这时，他做出了更加大胆的决定，扩大蔬菜的种植规模。家里人都不同意，让亲朋好友来劝说，可是郑航干一心想把蔬菜产业做大做强，又碰上其他村民也想把土地租给他，他就杠着债，一口气租下了150亩耕地。

尽管别人很不理解，但是郑航干知道自己这个决定绝不是一时头脑发热，为了这个决定，他亲自做过市场调查。他发现当时市场对丝瓜的需求量大，而且易于种植管理，经济效益好。况且市场上卖的多数是外地的丝瓜，缺乏品质保障，自己家种的丝瓜可以打出无公害的品牌。还有一个巨大的优势就是，自己村里这一带是有名的富硒地带，这是很吸引人的一个条件。郑航干给家里人算了一笔经济账，终于取得了家里人的同意。大规模的种植光靠自己家人是没办法管理的，所以郑航干决定雇用工人，碰巧村里有四五十岁的妇女找不到工作，听说郑航干这里缺人，就主动上门来应聘。于是，郑社长以每天五六十元工资雇用了工人。

之后，这150亩耕地上终日是农民们忙碌的身影，播种育苗、浇水施肥、锄草绑蔓、设立支架，忙得不亦乐乎。

三、峰回路转出希望

前后忙了几个月，终于等到第一批丝瓜上市了，然而结果却令大家很失望，以前他们种植蔬菜产量小，品质好，货刚到市场上就被批发商抢光了，但是现在不同了，他们每次都要拉着整整一卡车丝瓜，问题还有他们的技术不过关，丝瓜的外表看起来不新鲜，批发商根本不感兴趣。这样一来就只能压低价钱，可是蔬菜市场有一个行规，高于一元的就是抢手货，低于三四毛钱的就是烂货。自己的丝瓜活生生被贬成了烂货，尤其是雨天，丝瓜的销售量更是大打折扣，一个月总有两三天，整筐整筐的丝瓜被扔向垃圾站。因为丝瓜产量高，每天地里都有新鲜的丝瓜需要采摘，如果不倒掉这些卖不出去的丝瓜，不但占用仓库，而且不好处理。

后来，这150亩耕地就成了村里的菜园子，谁家想吃丝瓜了就来郑航干的菜地里摘些，也算是减轻了采摘的成本。眼看着销路成问题，郑航干心里有些没底了，他想过放弃，但是，左思右想都觉得不能放弃。郑航干心里想，做生意不能一根筋，应想办法为自己的丝瓜找到销路。借着自己以前在城管办工作过的机会，他咨询了以前的同事，一问才知道，为了鼓励农民创业，像自己这样的蔬菜种植大户，政府不仅给补贴、送技术，还会帮着做销售服务工作。这下郑航干有了激情，抓住镇领导下村做会议、搞视察的机会，向他们反映了自己的情况。镇领导急人所急，出面帮着郑航干解决了蔬菜批发市场摊位的问题，还主动为本地无公害蔬菜做起了广告，使得城山村蔬菜瞬间出了名，最后还成了萧山区“北菜南移”的一个一级工程示范点。

四、技术过硬，销路畅通

在政府的帮助下，丝瓜经营逐渐有了起色，郑航干也有了信心，找到了人生的方向。他还把丝瓜销售的广告挂到农民信箱、萧山农网等平台上，从那之后他不时会接到客户的电话，丝瓜的销售暂时不成问题了。但是他还是发现，蔬菜质量问题是影响经营的重要问题，自己种植的丝瓜外表难看，还带黑色。虽然以本地、无公害、富含硒等特色来打广告，但是没有技术含量的蔬菜还是没有太多的竞争力。于是，郑航干直接找到镇农业技术推广服务中心，通过他们穿针引线，请到了绍兴农科院的吴院长，由他来指导丝瓜的栽培技术。吴院长的细心讲解让郑航干明白了很多，直到那一天他才发现自己和蔬菜种植专家还有很大一段距离。要想规模生产必须有先进的技术作保障，过去的粗放经营不能提高经济效益。之后他聘请了区农业局的农技师，终于使丝瓜种植技术走上了正轨。

蔬菜经营慢慢上了正轨，没多久，郑航干又发现经营单一品种的蔬菜不能使经济效益达到最大化。要想在蔬菜市场占有一定的份额，就必须要实现多种经营。他结合市场需求和蔬菜生长的特征，将自己的菜园子做了细致的规划，使得在菜园子一年四季都会有蔬菜产出。这种蔬菜的多样化经营不仅提高了蔬菜种植的经济效益，而且也为扩大新的销路打下了基础。其他镇的一些配送中心得知城山村有这样一个蔬菜基地后，纷纷找上门，与合作社签订了长期销售合同。此外，在萧山农业局举办的展销会上，城山村的蔬菜以质优价廉和富硒保健等优势吸引了三江超市、食堂等大客户，蔬菜的销路再也不用发愁了。现在，城山村的蔬菜在杭州市区、绍兴市区、萧山区内的农贸市场均占有一席之地。有时候蔬菜供不应求，合作社就向周边的大承包户收购，小农户也会自己送来蔬菜，让合作社代卖。这样不但富裕了自己，还给周边的乡亲们带来了好处。2011 年，郑航干决定正式栽培反季节蔬菜，因为反季节蔬菜的成本大，有一定的投资风险，所以，前两年一直是小规模试种，投放到超市。如今，对反季节蔬菜的栽培技术和市场行情都有了较大的把握，向反季节蔬菜进军的时机已经成熟。

富裕起来的郑航干始终怀着一颗善良的心，自己每年花五六万从农技师那里学来的技术，他都会毫无保留地教给其他农户。此外，他会把自己掌握的市场经验传授给农户们，比如，要提前二三十天，赶在大路货上市之前，占领市场先机，这样蔬菜才能卖上一个好价钱。郑社长说，蔬菜毕竟是个利润很薄的行业，大家不团结起来就很难成气候。把城山村的蔬菜品牌打响了，也是村民致富的一条道路。目前，城山村正顺应发展趋势，坚持以优惠的政策和优良的服务吸引蔬菜种植户落户城山，合力打造一个具有南方特色的蔬菜基地。

五、不怕困难，充满自信

虽然村里的政策给蔬菜种植大户在用地方面尽量提供方便，但是，随着土地日趋紧张，想要继续扩大种植规模还是很困难的。蔬菜比不上花卉苗木的高利润，花农租用土地可以出较高的价钱，这几年由于农业用地需求不断增加，每亩地的租用价格已经达到了 1 000元，这是一般承包户承受不起的。郑航干 2011 年扩大租用了30亩土地，但是，成本却比2010年增加了七八万元，若不走精品路线，恐怕难以生存下去。还有一个问题就是用工问题，现在民工荒已经蔓延到自己家的菜园子了。近几年乡镇企业找不到人，村里只要有劳动能力的，不管男女老少都被请到工厂里去上班，留下来给他打工的，年龄一个比一个大。但是郑航干说其他人涨地价，自己肯定也跟着涨，其他人涨工资，自己这里也不犹豫。

面对越来越紧张的农村资源，郑航干尽管很无奈，但依然很有信心。但是，每走一步他都小心翼翼，生怕一不小心就彻底垮了。他说，现在也不敢花太多的钱搞设施建设，一来资金紧张，二来万一人工和物价飞涨，将来就很难收场了。但是，对未来的发展，郑社长还是充满了希望，经历了这么多的风风雨雨，他已经变成了一个抗压机器，哪里还有过不去的坎儿。说到要感谢的人，郑社长说，如果不是政府的及时雨，我可能早就中途退下来了；如果没有父母和妻子的谅解，在精神上和物质上给我莫大的支持，我可能会一蹶不振；还有就是朋友，在我最失落的时候，毫不保留地向我伸出了援手，这份兄弟情义是我最珍贵的财富，最后还有我的乡亲们，是他们看好我，我才不敢轻易说放弃。

谈到郑社长对未来农业的发展期望，他坚信中国会走上大农业的道路，而调整农业产业结构是当务之急。他认为，自己以设施种菜，大棚蔬菜为主攻方向的做法，会成为当地农业的一个大趋势。

案例十 林承——走进人民大会堂的养牛人

林承是出生在黑龙江省那片黑土地上的一位普通农民，4口之家拥有16亩土地。1989年，林承初中刚毕业就来到辽宁朝阳当了一名野战兵。经过三年的摸爬滚打，踌躇满志的他转业回到家里，在物资局当了一名普通的保管员。但是没过多久，单位就倒闭了，成了下岗职工的林承把自己投身到商海中继续摸爬滚打，他先后在西柳批发服装，在山东搞过化工原料销售，这为他积攒了不少的资产。2000 年林承回到家乡，开始在自己的家乡创业。多年后，他真的成就了自己的一番事业，他先后获得县级、市级、省级优秀农民企业家，农业发展领头人等多项荣誉称号，并在 2010 年作为一名农民企业家走进人民大会堂参加颁奖仪式。

一、独具慧眼，发现商机

林承在外出经商的几年里做过很多事情。他做过牛奶收购员，在物资局工作过，还卖过服装，甚至在大连炒过房，但是在他的心里，那些都不算成功，尽管在别人的眼里，林承已经是一个很了不起的人物了，但是，他都觉得还没有达到他的预想。于是，他只身一人来到海南，在放松自己的同时，也在总结之前的创业经验，并同时苦苦思考接下来的人生方向。经过思考他发现，之前所投资的项目都面临着一个同样的问题，那就是对手太多，竞争太过激烈，而且市场处于过度饱和的状态。他心想能不能做点别人没有做过的事情。没过几天，家里人给他打电话，说省里出了新政策鼓励农民养殖奶牛并给予补贴，想问问他的意见。突然间，“奶牛”两个字浮现在他的脑海，做过牛奶收购员的他知道当时在佳木斯地区还没有一家成规模的奶牛养殖场，而且目前省里还有优惠政策，这难道不是一个绝好的机会吗？决定之后便不再犹豫，他立刻启程回家，找到当地的县政府，说出他想创建奶牛养殖场的构想。正如他所期望的那样，县政府的领导对他的想法给予了极大的鼓励和支持。在政府的协调下，用地问题很快就解决了。于是已经过了而立之年的他又开始了一个新的征程。

每当别人问他成功的原因时，他都是很感慨地告诉别人，别人做的事情我不做，因为那样竞争太大，而我又没有什么背景，自然不会得到别人的重视。要做就做别人没有做过的事情，这就是我成功的秘诀。

二、万事开头难，朋友解危机

林承开始筹备养牛的时候正值八月中旬，地里的庄稼长势正茂，还没有成熟。但是，为了厂房建造工程的顺利实施，林承不得不铲除了绿油油的庄稼，赔偿农户的损失。当时林承也很心痛，他也是农民的儿子，他知道庄稼是农民的宝贝。但是，实在是没有办法，为了工程进度，不得不这样做。在资金方面，他将150万元的创业资金全部投了进去，同时又找到一位合伙人投资100万元。但是，还远远不够，于是他想到银行贷款，但是，这次没有如他所愿，工程就这样陷入了僵局。也就是在这个时候，更令他意想不到的事情发生了，他的合伙人突然决定撤资，理由是创业阻力太大，对他没有信心。这对林承来说无疑是雪上加霜。绝望中，他找朋友诉苦，幸运的是，在关键的时候朋友们拔刀相助，纷纷站出来为他解难。在朋友、战友的帮助下，他重新与银行签订了协议，一度停止的工程又开始启动了。很多人开玩笑说他是靠"关系"，他开心的回答："可以这么说，但是很多人对'关系'两个字十分的厌恶，经常把它和贪污、腐败联系到一起，但是真正的'关系'是一门学问，更是一种投资，而且这种投资不是金钱，是感情。对于每一个创业者来说，'关系'是一门必修课。"

三、因地制宜想办法，养牛过程得真经

在多方帮助下，林承的奶牛场建成了，声势浩大。但是渐渐他发现，这么大规模的奶牛养殖仅仅靠自己以前的经验是完全应付不来的。他必须走出家门学习先进的养殖技术。首先，他来到南方一些养殖业发达的地区学习先进的养殖技术，几个月之后，他带着一些先进的设备回来，但是回来之后他又发现，自己在南

方学的养殖技术在自己的家乡根本不适用。由于南北地区地理位置和自然条件之间的差异，致使奶牛养殖过程中遇到的问题也存在很大的差异。无奈之下，他只好向当地有经验的奶牛养殖户请教，同时自己不断摸索，研究如何解决奶牛养殖问题，积累经验。

那些日子里，他在牛棚里一待就是十几个小时。终于，功夫不负有心人，经过努力，他已经成功解决了北方奶牛养殖所面临的牛舍保温、牛奶保鲜以及常见疫情的处理方法等问题，实行统一配种、统一饲料供应、统一疫病防治、统一榨奶、统一销售的“五统一”模式，确保标准化作业，并形成了一套独特的养牛经验。正如他自己所说的“男人一不怕吃亏二不怕吃苦，少一样你就成功不了”。当谈到自己的第一桶金时，他兴奋的说：“产奶的第一天我赚了 500 元，我一口气就把它花光了，因为它说明我成功了。”

四、机智应对，拿下大单

通过林承的不断努力和摸索，养牛场经营渐渐步入正轨。但是他又有了新的烦恼，问题在于他的鲜奶是经过中间商收购，再转卖给奶制品企业的，而且销售对象主要是本省硕业、光明等一些乳制品企业，这些乳制品企业主要以加工饮粉为主，导致鲜奶的收购价格过低。再加上中间商的介入，使得鲜奶的收购价格成了一个很大的问题，这对养殖场来说是一个很大的损失。经过调查他发现，同样品质的鲜奶在本省乳制品企业的收购价格是每千克 1.8 元，而在像蒙牛这种企业的收购价却能达到 3 元多，价格相差近一倍。考虑到地理位置的因素，他将目光瞄准了蒙牛，并在心里暗暗较劲，一定要将蒙牛拿下。又一次通过朋友的介绍，他与蒙牛的收购经理取得了联系，并多次赴内蒙古自治区洽谈收购事宜，在产品品质上慷慨承诺，凭借自己的地理优势将蒙牛的大单收入囊中。

五、生意靠诚信，做事有良心

2008年，正是林承事业如日中天的时候，众所周知的三鹿奶粉三聚氰胺事件发生了，这对于所有与奶制品有关的企业来说都是一个重大的打击，全国的奶制品企业处于低迷状态。每天看着牛奶一桶桶倒掉，看着企业的亏损额一天天增长，他感到绝望和无助。但是他还是很清醒地知道他不能倒下，因为有这么多相信他的父老乡亲在看着他，他要给他们信心。但是，随着这种低迷现象的持续，很多农户都已经失去了信心，他们选择将奶牛宰杀当肉牛来卖，林承的养殖场在无奈之下也选择了这种方法。但幸运的是，林承和他的养殖场在这场风波中挺了过来，在政府的扶持下，林承的企业很快又恢复了往日的繁荣。事后，林承对三聚氰胺的事情也发表了自己的看法，他表示这次萧条未必不是一件好事，因为它为每一位企业家敲响了警钟，提醒他们无论做什么事情都要对得起自己的良心。

六、农民创业，走进人民大会堂

到2010年为止，林承的天元牧场占地面积12 000多亩，总投资2 200万元，饲养奶牛1 100多头，年销售额900多万元，并形成了自己的农业产业链条。天元牧场是黑龙江省奶牛养殖业当之无愧的龙头企业之一。由于林承的突出成绩，2010年他以一名农民企业家的身份被邀请去人民大会堂参加颁奖典礼。他感慨地说："这不仅仅是一份荣誉，更是一份责任，时刻鞭策着我要造福于民，惠泽百姓，不管我取得了多大的成就，我始终记得我是一个农民，我是一个养牛的，我要好好地做好我份内的事情。"在被问及对今后企业的发展规划时，他激情满怀地说："我还要继续扩大规模，争取在五年的时间内将奶牛的总数扩大到2 000头。同时我还要在养殖场附近建设居民小区，鼓励更多的农户来养殖奶牛，帮助农民解决贷款、子女上学等问题，希望借助我的力量可以带动更多的人富裕起来。"

七、心系大局，为农业发展建言献策

当被问到对当今农业发展出路的看法时，林承表现得很兴奋，他说他一直都在思考这个问题。对于现在的农民来说，他们的种植模式无非就是播种、收割、销售，然后再重复这个过程，日复一日，年复一年，什么时候才是个头呢，农民什么时候才能富起来，所以，他觉得要鼓励农民将传统农业模式转变成经济农业模式，形成一种农业发展产业链条，而不是周而复始地重复着几千年来老祖宗们的做法，当然这必须要政府的大力支持才能够实现。

主要参考文献

1. 魏一江. 新型职业农民创业培训指导. 东营：中国石油大学出版社，2015.

2. 严行方. 农民创业小知识. 厦门：厦门大学出版社，2014.

3. 周靖华. 农业创业跟我来. 西安：三秦出版社，2014.

4. 李启秀. 山区农民创业基本技能研究. 西安：西北工业大学出版社，2014.

5. 韩军辉，庞群英. 农民创业计划书. 重庆：重庆大学出版社，2012.